MENOS COM MENOS
É MENOS OU É MAIS?

MULTIPLICAÇÃO E DIVISÃO
DE NÚMEROS INTEIROS NA SALA DE AULA
(2.ª EDIÇÃO)

Editora Appris Ltda.
2.ª Edição - Copyright© 2025 dos autores
Direitos de Edição Reservados à Editora Appris Ltda.

Nenhuma parte desta obra poderá ser utilizada indevidamente, sem estar de acordo com a Lei nº 9.610/98. Se incorreções forem encontradas, serão de exclusiva responsabilidade de seus organizadores. Foi realizado o Depósito Legal na Fundação Biblioteca Nacional, de acordo com as Leis nos 10.994, de 14/12/2004, e 12.192, de 14/01/2010.

Catalogação na Fonte
Elaborado por: Dayanne Leal Souza
Bibliotecária CRB 9/2162

L257m 2025	Landim, Evanilson Menos com menos é menos ou é mais?: multiplicação e divisão de números inteiros na sala de aula / Evanilson Landim. – 2. ed. – Curitiba: Appris, 2025. 133 p. ; 21 cm. -- (Coleção Educação, Tecnologias e Transdisciplinares). Inclui referências. ISBN 978-65-250-7648-5 1. Educação. 2. Professor. 3. Matemática. I. Landim, Evanilson. II. Título. III. Série. CDD – 372.7

Livro de acordo com a normalização técnica da ABNT

Appris editorial

Editora e Livraria Appris Ltda.
Av. Manoel Ribas, 2265 – Mercês
Curitiba/PR – CEP: 80810-002
Tel. (41) 3156 - 4731
www.editoraappris.com.br

Printed in Brazil
Impresso no Brasil

Evanilson Landim

MENOS COM MENOS
É MENOS OU É MAIS?

MULTIPLICAÇÃO E DIVISÃO
DE NÚMEROS INTEIROS NA SALA DE AULA
(2.ª EDIÇÃO)

Appris
editora

Curitiba, PR
2025

FICHA TÉCNICA

EDITORIAL — Augusto Coelho
Sara C. de Andrade Coelho

COMITÊ EDITORIAL E CONSULTORIAS

Ana El Achkar (Universo/RJ)
Andréa Barbosa Gouveia (UFPR)
Antonio Evangelista de Souza Netto (PUC-SP)
Belinda Cunha (UFPB)
Délton Winter de Carvalho (FMP)
Edson da Silva (UFVJM)
Eliete Correia dos Santos (UEPB)
Erineu Foerste (Ufes)
Fabiano Santos (UERJ-IESP)
Francinete Fernandes de Sousa (UEPB)
Francisco Carlos Duarte (PUCPR)
Francisco de Assis (Fiam-Faam-SP-Brasil)
Gláucia Figueiredo (UNIPAMPA/ UDELAR)
Jacques de Lima Ferreira (UNOESC)
Jean Carlos Gonçalves (UFPR)
José Wálter Nunes (UnB)
Junia de Vilhena (PUC-RIO)

Lucas Mesquita (UNILA)
Márcia Gonçalves (Unitau)
Maria Margarida de Andrade (Umack)
Marilda A. Behrens (PUCPR)
Marília Andrade Torales Campos (UFPR)
Marli C. de Andrade
Patrícia L. Torres (PUCPR)
Paula Costa Mosca Macedo (UNIFESP)
Ramon Blanco (UNILA)
Roberta Ecleide Kelly (NEPE)
Roque Ismael da Costa Güllich (UFFS)
Sergio Gomes (UFRJ)
Tiago Gagliano Pinto Alberto (PUCPR)
Toni Reis (UP)
Valdomiro de Oliveira (UFPR)

SUPERVISORA EDITORIAL — Renata C. Lopes

REVISÃO — Marta Zanatta Lima
Gislaine Stadler

DIAGRAMAÇÃO — Jhonny Alves dos Reis

CAPA — Carlos Eduardo H. Pereira

REVISÃO DE PROVA — Amélia Lopes

COMITÊ CIENTÍFICO DA COLEÇÃO EDUCAÇÃO, TECNOLOGIAS E TRANSDISCIPLINARIDADE

DIREÇÃO CIENTÍFICA — Dr.ª Marilda A. Behrens (PUCPR) — Dr.ª Patrícia L. Torres (PUCPR)

CONSULTORES

Dr.ª Ademilde Silveira Sartori (Udesc)

Dr. Ángel H. Facundo
(Univ. Externado de Colômbia)

Dr.ª Ariana Maria de Almeida Matos Cosme
(Universidade do Porto/Portugal)

Dr. Artieres Estevão Romeiro
(Universidade Técnica Particular de Loja-Equador)

Dr. Bento Duarte da Silva
(Universidade do Minho/Portugal)

Dr. Claudio Rama (Univ. de la Empresa-Uruguai)

Dr.ª Cristiane de Oliveira Busato Smith
(Arizona State University /EUA)

Dr.ª Dulce Márcia Cruz (Ufsc)

Dr.ª Edméa Santos (Uerj)

Dr.ª Eliane Schlemmer (Unisinos)

Dr.ª Ercilia Maria Angeli Teixeira de Paula (UEM)

Dr.ª Evelise Maria Labatut Portilho (PUCPR)

Dr.ª Evelyn de Almeida Orlando (PUCPR)

Dr. Francisco Antonio Pereira Fialho (Ufsc)

Dr.ª Fabiane Oliveira (PUCPR)

Dr.ª Iara Cordeiro de Melo Franco (PUC Minas)

Dr. João Augusto Mattar Neto (PUC-SP)

Dr. José Manuel Moran Costas
(Universidade Anhembi Morumbi)

Dr.ª Lúcia Amante (Univ. Aberta-Portugal)

Dr.ª Lucia Maria Martins Giraffa (PUCRS)

Dr. Marco Antonio da Silva (Uerj)

Dr.ª Maria Altina da Silva Ramos
(Universidade do Minho-Portugal)

Dr.ª Maria Joana Mader Joaquim (HC-UFPR)

Dr. Reginaldo Rodrigues da Costa (PUCPR)

Dr. Ricardo Antunes de Sá (UFPR)

Dr.ª Romilda Teodora Ens (PUCPR)

Dr. Rui Trindade (Univ. do Porto-Portugal)

Dr.ª Sonia Ana Charchut Leszczynski (UTFPR)

Dr.ª Vani Moreira Kenski (USP)

Aos meus pais, João e Hermina.

À Professora Lícia Maia, pelas orientações e ensinamentos no decorrer deste estudo, sempre nos incentivando a avançar e crescer. Ser seu orientando é um daqueles privilégios, que a gente nunca entende como pode ter alcançado tamanha dádiva. Se hoje é possível publicar esta pesquisa é porque um dia a conheci.

Aos meus irmãos, Edvan, Eneilson e Evilene; aos meus sobrinhos, tios e primos.

À Tia Lúcia, minha primeira Professora, em nome de quem eu agradeço a todos os meus professores.

Às Professoras Rute Borba, Sandra Magina e Zélia Porto, pelas contribuições.

A todos os professores, funcionários e amigos do EDUMATEC. Aos meus amigos.

Aos meus alunos, por me ensinarem tanto, a cada dia.

A todos os professores, coordenadores, demais funcionários e estudantes da Escola Estadual Antônio Padilha, por nos ensinar, que não existem fronteiras entre a Educação e a Vida. Por acreditar, assim como Paulo Freire, numa educação que liberta, pois "quando a educação não é libertadora, o sonho do oprimido é ser o opressor" (Paulo Freire).

É preciso fechar a escola da resposta e inaugurar a escola da pergunta.

SUMÁRIO

INTRODUÇÃO.. 11

CAPÍTULO 1
SITUANDO O PROBLEMA... 19
1.1 A aceitação de medidas positivas e negativas
como números inteiros...23
1.2 Dificuldades na aprendizagem dos números
inteiros relativos... 32
1.2.1 O que dizem as pesquisas sobre os números inteiros............................35

CAPÍTULO 2
A TEORIA DOS CAMPOS CONCEITUAIS E O CAMPO
CONCEITUAL DAS ESTRUTURAS MULTIPLICATIVAS......... 47
2.1 O Campo Conceitual das Estruturas Multiplicativas................................... 54

CAPÍTULO 3
ESTUDANTES EM AÇÃO NAS OPERAÇÕES MULTIPLICAÇÃO
E DIVISÃO ENVOLVENDO NÚMEROS INTEIROS................... 57
3.1 Análise das respostas à Questão 1 60
3.1.1 Acertos e erros apresentados 61
3.1.2 Estratégias utilizadas para a resolução da Questão 1 65
3.2 Análise das respostas à Questão 2 85
3.2.1 Acertos e erros apresentados 85
3.2.2 Estratégias utilizadas para a resolução da Questão 2........................... 89
3.3 Análise das respostas à Questão 3 96
3.3.1 Acertos e erros apresentados 97
3.3.2 Estratégias utilizadas para a resolução da Questão 3 100
3.4 Análise das respostas à Questão 4...105
3.4.1 Acertos e erros apresentados 106
3.4.2 Estratégias utilizadas para a resolução da Questão 4...........................107
3.5 Análise das respostas à Questão 5 109

3.5.1 Acertos e erros apresentados 109

3.5.2 Estratégias utilizadas para a resolução da Questão 5 111

3.6 Análise das respostas à Questão 6 115

3.6.1 Acertos e erros apresentados 116

3.6.2 Estratégias utilizadas para a resolução da Questão 6 118

3.7 Especificidades entre os grupos 121

CONSIDERAÇÕES FINAIS 123

REFERÊNCIAS 129

INTRODUÇÃO

O momento educacional, que ora vivemos, enfrenta opiniões e experiências distintas, se tomamos por referência os resultados de avaliações em larga escala e a opinião de grande parte dos professores e dos estudantes quando comparam a escola de ontem com a escola de hoje. De um lado, temos professores e estudantes desacreditados no papel da escola e já não veem nela nenhum poder de transformação individual, tampouco social. De outro, os docentes que perderam a crença na educação fundamentam-se na falta de interesse dos estudantes, que, segundo eles, não sabem e não "querem" nada.

Ao mesmo tempo, os estudantes acusam os professores e a escola de lhes oferecerem propostas vazias, desligadas dos seus interesses e fundamentadas na mecanização[1]. O sentimento desses estudantes é que na escola eles perdem as suas peculiaridades e a capacidade de pensar e de criar. E, embora, cotidianamente presentes, não se sentem verdadeiramente inseridos ou pertencentes à escola, porque recebem lições, exercícios e conteúdos cada vez mais distantes dos seus interesses.

No caso do ensino de Matemática, ainda é bastante comum uma prática docente pautada na repetição, na falta de um planejamento que estimule o estudante a descobrir, a ser criativo e a ter motivação para aprender. Ao invés disso, o estudante é estimulado à repetição, ao treino e a todo instante o seu desempenho é comparado com o dos demais, evidenciando àqueles que estão dentro e fora do padrão estabelecido pelo professor, que é o padrão do *"aluno bom de conta"*, também chamado erroneamente de o *"aluno bom de Matemática"*.

Hoje, está cada vez mais claro que, "conta" e Matemática são atividades totalmente distintas, embora esta compreensão ainda não tenha sido alcançada por muitos professores de Mate-

---

[1] Ver SADOVSKY, 2007.

mática. Fazer Matemática é completamente diferente de fazer conta, e vai de encontro a uma lógica na qual

> [...] os professores mostram a utilidade das fórmulas e das regras Matemáticas por meio de um treinamento de aplicação: *definição, exercício-modelo, exercício de aplicação*. Nesse contexto, perguntas clássicas como **"Para que serve isso, professor? De onde veio? Por que é assim?"** revelam a inadequação do método de ensino[2].

Felizmente, com o significativo crescimento da Educação Matemática no Brasil e a consolidação cada vez mais forte da Sociedade Brasileira de Educação Matemática (SBEM), também temos percebido pesquisas e resultados de experiências bem-sucedidas que entusiasmam e mostram que o desassossego dos professores e dos estudantes são bons indícios de que a escola está a caminho de um futuro mais promissor.

O ensino de Matemática que se almeja exige de cada professor

> [...] conhecer melhor a Matemática inerente às atividades da vida diária da cultura dessas crianças a fim de construir, a partir dessa Matemática, pontes e ligações efetivas para a Matemática mais abstrata que a escola pretende ensinar[3].

Esta obra se junta àquelas que, reconhecendo as dificuldades e potencialidades da escola, vai até ela com a finalidade de examinar os obstáculos à aprendizagem de um conceito ou conjunto deles, isso após muitos clamores que, infelizmente, só são ouvidos após a leitura de gráficos e tabelas que mostram que a proficiência dos estudantes da Educação Básica no Brasil ainda está muito distante do mínimo esperado, como têm apontado às avaliações internas e externas.

---

[2] Ver ROSA NETO, 2007, p. 3, grifo nosso.
[3] Ver CARRAHER; CARRAHER; SCHLIEMANN, 1988, p. 27.

De modo geral, o objetivo do ensino de Matemática, na Educação Básica, é garantir ao estudante melhores condições de exercer com eficiência aquilo que já lhe é nato, a cidadania. E isso não ocorre quando se "ensina" ou se "aprende" Matemática apenas por meio de técnicas, truques ou musicazinhas.

Para os Parâmetros Curriculares Nacionais, a Matemática,

> [...] caracteriza-se como uma forma de compreender e atuar no mundo e o conhecimento gerado nessa área do saber como um fruto da construção humana na sua interação constante com o contexto natural, social e cultural. Esta visão opõe-se àquela presente na maioria da sociedade e na escola que considera a Matemática como um corpo de conhecimento imutável e verdadeiro, que deve ser assimilado pelo aluno[4].

Para que homens e mulheres possam exercer com qualidade os seus direitos e deveres, é necessário certo domínio de Matemática. Mas, ao observamos os baixos índices de aprendizagem em Matemática e a elevada taxa de evasão escolar na Educação Básica, que faz com que ela perca a cada ano 22,6% dos seus alunos por reprovação ou evasão, segundo dados do Censo Escolar 2010 divulgados pelo Instituto Nacional de Estudos e Pesquisas Educacionais (INEP), percebemos que a compreensão e atuação no mundo de muitos brasileiros estão comprometidas.

As crianças e adolescentes, que vão sendo excluídas da escola, acabam retornando anos depois, com a intenção de se apropriarem dos conhecimentos construídos pela humanidade ao longo dos anos e garantir melhores condições de vida. Esse retorno à escola aliado aos índices de reprovação alimenta a distorção idade-ano que corresponde a 23,6% no Ensino Fundamental e 33,7% no Ensino Médio. Entre os jovens de 15 a 17 anos, a distorção chega a 49,1% e no Nordeste 60,9% dos jovens entre

---

[4] Ver BRASIL, 1998, p. 24.

15 e 17 anos estão excluídos da escolarização líquida[5], segundo o Censo 2010 (INEP).

Muitas vezes, o retorno de jovens e adultos à escola deve-se à maior importância que o domínio do conhecimento tem ganhado com a globalização, que é marcada fortemente pelo encontro das culturas. D'Ambrósio[6] diz que *cultura* é a nomenclatura dada aos indivíduos que pertencem a um mesmo grupo e que compartilham conhecimentos e possuem comportamentos compatíveis entre si.

Com o advento do fenômeno da globalização, muitos trabalhadores precisaram retornar à escola, visto que o mercado de trabalho tornou-se mais exigente, e ingressar na cultura letrada passou a ser condição para se manter nele.

Além disso, grande parte dos jovens e adultos que retornam à escola vem em busca do sonho perdido, da oportunidade e do direito que a vida lhes negou quando mais jovens.

De volta à escola, jovens e adultos percebem que ela continua repetindo os mesmos procedimentos e métodos, que contribuíram para que eles tivessem ido embora. É aí que esses estudantes, marcados com a falta que a escola lhes fez ao longo da vida e a dificuldade de se adaptar a um modelo de ensino distante daquilo que eles esperam e necessitam, lutam intensamente para se acomodar nessa "nova" realidade, já que mudar a escola parece ser uma utopia.

Mas, muitas vezes a convivência *adulto e escola* é demasiadamente conflituosa, e o que era para ser mais uma tentativa de sucesso, concretiza a ideologia desses estudantes de que o conhecimento é para pessoas naturalmente privilegiadas, uma convicção que nasce de uma guerra silenciosa, na qual a Matemática tem grande contribuição, embora não seja a principal responsável pelo (re)abandono escolar.

---

[5] *Escolarização líquida* é o termo empregado para caracterizar o grupo de estudantes que estuda o ano correspondente à sua idade.

[6] Ver D'AMBRÓSIO, 2005.

A compreensão do que é ser alfabetizado avançou; agora uma pessoa que apenas desenha letras não pode, segundo a Organização das Nações Unidas para a Educação, Ciência e Cultura (UNESCO), ser considerada alfabetizada, mas, sim, a que faz uso do processo de letramento e numeramento[7] nas suas práticas sociais. Nasce, então, um novo conceito para a Educação de Jovens e Adultos (EJA): ao invés de ser uma educação de suplência, deve passar a ser uma educação para toda a vida.

A Educação de Pessoas Jovens e Adultas, que surgiu inicialmente com o propósito de reduzir a elevada taxa de analfabetismo do país, deixou de ser uma política emergencial para assumir um caráter permanente de educação.

Cientes de que não era suficiente alfabetizar, mas garantir condições de continuidade nos estudos, foram criados projetos que pudessem garantir a continuidade dos estudos para aqueles que não tiveram acesso à escola na idade considerada escolar. Essas políticas tinham a pretensão de amenizar os prejuízos causados a essas pessoas que foram, por muitas questões, privadas de ir ou continuar na escola.

Na EJA e na Educação dita regular, aprender Matemática é uma tarefa árdua. Principalmente, porque "a ação prática tem ocupado um lugar de primazia onde a filosofia, um pensar no que é essencial, não tem tido uma maior atenção"[8], ou seja, a técnica substitui o significado. Como exemplo, podemos destacar o conjunto dos números inteiros relativos que não tem o seu sentido compreendido por grande parte dos estudantes. Daí, brotarem tantas dificuldades na aprendizagem dos conceitos relativos a esse campo numérico.

As dificuldades relativas à aprendizagem dos números inteiros alcançam todos os estudantes da Educação Básica, inclusive

---

[7] Ser numerado é ter a capacidade e inclinação para usar a Matemática eficazmente em casa, no trabalho e na comunidade (FERREIRA, 2010).

[8] Ver MEDEIROS, 2005, p. 13.

aqueles da EJA. Alguns estudos[9] já identificaram resistências à aprendizagem desse conceito e como essas resistências se apresentam nas ações de estudantes escolarizados ou não na adição e subtração de números inteiros relativos.

Todavia, não constatamos na literatura pesquisas que abordem os processos de aprendizagem envolvendo a multiplicação e a divisão no campo dos números inteiros. Por isso, optamos por investigar a aprendizagem dos estudantes nessas duas operações, dada a importância que esses conceitos têm para a compreensão de outros temas matemáticos, tais como: equações, funções, geometria analítica, números complexos, etc.; além de ainda ser uma ferramenta importante em outras áreas do saber como Física, Química, Geografia entre outras.

A proposta é identificar se, no caso das situações que tratam de multiplicação e divisão de números inteiros, as experiências cotidianas dos estudantes, principalmente as dos adultos, influenciam na aquisição de conceitos relativos à multiplicação e divisão de números inteiros.

Essa comparação é fruto de muitos questionamentos sobre as potencialidades que os estudantes adultos possam apresentar em relação aos mais novos, devido ao maior número de atividades que desenvolvem.

Outro motivo para a realização de um estudo comparativo é a ingênua interpretação da supervalorização atribuída aos saberes e valores próprios da experiência e da "realidade do estudante", o que, algumas vezes nega ou minoriza o conhecimento formal. Essa má interpretação, embora comum em toda a Educação Básica, é mais forte na EJA, dadas as lições de Paulo Freire sobre a importância da leitura do mundo para a leitura da palavra.

Por vezes, isso acaba influenciando a qualidade e a abrangência da Matemática que se ensina e se aprende na EJA, nutrindo ainda mais o fracasso escolar entre esses estudantes e colabo-

---

[9] Ver GLAESER, 1985; BORBA, 1993; NASCIMENTO, 2002.

rando com o que Soares[10] chama de "ideologia do dom", que é o discurso de que o adulto não tem as condições básicas para a aprendizagem e, por isso, não consegue se adaptar à escola. Nesse sentido, a autora, considerando as taxas de repetência, de evasão e a não aprendizagem, diz que "a escola que existe é antes contra o povo que para o povo"[11]. Muitos estudantes da EJA, diante das situações matemáticas que lhes são apresentadas, "assumem o discurso da dificuldade, da quase impossibilidade, de isso entrar na cabeça de burro velho"[12].

Uma vez apontadas as questões que nos motivaram para a realização deste estudo, é chegado o momento de apresentar a forma de condução do mesmo.

A coleta de dados foi realizada por meio do método clínico com trinta e dois estudantes após a instrução formal sobre multiplicação e divisão de inteiros. Para um maior controle das variáveis, modalidade de ensino e idade, os participantes foram distribuídos em quatro grupos, assim organizados: jovens matriculados na 4.ª fase e oriundos da EJA; adultos na 4.ª fase oriundos da EJA; adolescentes no 8.º ano e, por fim, adultos no 8.º ano do Ensino Fundamental.

A escolha da 4.ª fase da EJA e do 8.º ano do Ensino Fundamental, que são ciclos escolares correspondentes, deu-se em função do nosso interesse por estudantes já escolarizados nos conceitos que ora estudamos. Na seleção dos participantes, escolhemos aqueles que cursaram os anos ou fases anteriores na mesma modalidade.

Para a elaboração e análise das questões, precisávamos de uma ferramenta tanto para o desenvolvimento das situações de aprendizagem quanto para a sua análise, ou seja, de uma teoria capaz de explicar o processo de conceitualização da multiplicação e divisão, envolvendo números relativos. Por

---

[10] Ver SOARES, 1996, p. 10.

[11] Ver SOARES, 1996, p. 9.

[12] Ver FONSECA, 2007, p. 20-21.

isso, é que escolhemos a Teoria dos Campos Conceituais (TCC) de Gérard Vergnaud[13], que, sendo uma teoria cognitiva, é uma excelente ferramenta didática e permite identificar a natureza das potencialidades e resistências dos estudantes ao trazerem à tona as suas competências sobre um conceito ou sobre um campo conceitual.

No primeiro capítulo, situamos a questão, estabelecendo um diálogo entre as dificuldades evidenciadas no ensino-aprendizagem dos números relativos e aquelas apresentadas tanto no desenvolvimento histórico desse campo numérico quanto as apontadas por estudos anteriores.

No segundo capítulo, discutimos brevemente a Teoria dos Campos Conceituais. Ainda, apresentamos o Campo Conceitual das Estruturas Multiplicativas.

O terceiro capítulo traz à tona a ação dos estudantes, buscando uma compreensão para a questão: *Quais as principais competências e dificuldades evidenciadas por adultos e adolescentes escolarizados em relação à multiplicação e divisão de números inteiros e que aspectos específicos (modalidade de ensino, idade, atividade profissional) podem influenciar a compreensão e as estratégias mobilizadas pelos estudantes?*

Finalmente, apresentamos algumas considerações sobre este estudo, apresentando o seu percurso e os seus resultados.

---

[13] Ver VERGNAUD, 1996.

CAPÍTULO 1

SITUANDO O PROBLEMA

Neste capítulo, situamos a nossa questão de pesquisa, que nasce a partir de algumas observações do cotidiano da sala de aula, enquanto professor da Educação Básica.

Professor, menos com menos é menos ou é mais?

Essa pergunta se repete no cotidiano de diversas salas de aula. A frequência com que esse questionamento é feito, inclusive muitas vezes, pelo mesmo estudante no decorrer de toda a sua vida escolar, pode ser um primeiro indício de que a aprendizagem das operações envolvendo números inteiros ainda enfrenta obstáculos.

Quando essa pergunta chega ao professor que desconhece a operação à qual o estudante está se referindo, ele, a princípio, não consegue dar uma resposta, antes de entender a situação que o estudante está tentando desenvolver, dado que, a depender da operação, o *"menos com menos"* pode ser mais ou pode ser menos.

E, por mais que o professor repetidas vezes responda a este questionamento, a sua compreensão requer elementos bem mais sofisticados do que qualquer resposta que possa ser dada momentaneamente pelo professor.

Essa questão aparece tanto entre os estudantes do Ensino Fundamental que estão tendo o seu primeiro contato com o campo numérico dos números inteiros relativos quanto entre os estudantes do Ensino Médio, ou seja, independe da etapa escolar. Muitas vezes, esse mesmo estudante resolve situações semelhantes ou convive com contextos nos quais se aplicam números e operações pertencentes aos números inteiros. Isto costuma ocorrer principalmente entre os estudantes da EJA, já que a maior parte deles atua no mercado de trabalho e lida frequentemente com situações de débitos e créditos, o que não é suficiente para a compreensão deste campo numérico.

Em alguns casos, sobretudo nas comunidades mais carentes, é comum estudantes adolescentes atuarem informalmente no mercado de trabalho e de forma semelhante aos adultos empregarem ideias relativas aos números inteiros e às suas operações.

Ao confrontar a pergunta apresentada na abertura deste texto com as atividades desempenhadas cotidianamente na atividade social desses estudantes, percebemos que algumas situações que eles realizam são semelhantes àquelas forjadas pela escola para o ensino dos números relativos. Porém, essa relação quase nunca é visível, tampouco compreensível.

Quando um adolescente ou um adulto observa e calcula a variação de temperatura de uma cidade, a soma de duas ou mais dívidas ou ainda convive com situações financeiras de créditos e débitos, está empregando números inteiros, mesmo que ele não perceba isso. Essas situações, de natureza aditiva, são mais comuns ao cotidiano dos estudantes.

Conviver com problemas e situações que são retomadas e sistematizadas na escola pode ser vantajoso do ponto de vista da aprendizagem. Arnay, analisando a constante insistência de anulação dos conhecimentos cotidianos em detrimento dos conhecimentos acadêmicos, defende que o

> [...] conhecimento cotidiano desempenha um papel fundamental na compreensão e ação das pessoas em contextos de atividades específicos, e, portanto, que não existe nenhuma razão para empenhar esforços e recursos educativos em sua anulação[14].

Supomos que na aprendizagem dos números inteiros, o que requer domínio das suas operações não é diferente, pois

---

[14] Ver ARNAY, 1998, p. 40-41.

as atividades desenvolvidas no dia a dia podem favorecer o sucesso na compreensão desses conceitos. Mas, é preciso ficar atento para que a compreensão do estudante não limite-se apenas a um ou outro tipo de contexto e deixe de lado a sistematização do saber cientificamente elaborado. Pesquisas sobre a aprendizagem do conceito de números inteiros ou abordando as operações adição e subtração desses números[15] têm mostrado que crianças e adolescentes apresentam muitas dificuldades na compreensão dos conceitos pertinentes a esse campo numérico.

Esses estudos vêm permitindo o entendimento de alguns aspectos do processo de ensino-aprendizagem dos números inteiros, apontando, por exemplo, quais das dimensões desse conceito são mais facilmente compreendidas.

Embora já existam pesquisas sobre o entendimento de alguns obstáculos[16] à aprendizagem do conceito de números inteiros relativos[17], bem como a resolução de cálculos numéricos e problemas que envolvam a adição e subtração desses números, como as que citamos, ainda não conhecemos as potencialidades e resistências apresentadas pelos estudantes na compreensão das operações multiplicação e divisão no campo dos números relativos.

A segunda questão que surge a partir dessa refere-se ao levantamento de possíveis especificidades no modo como estudantes da EJA e do Ensino Fundamental[18] dito regular resolvem e evidenciam compreender situações-problema com multiplicação e divisão de números inteiros.

---

[15] Ver BORBA, 1993; TEIXEIRA, 1993; NASCIMENTO, 2002.

[16] Para Bachelard (1938) um obstáculo é uma concepção resistente no processo de conhecer e que impede, em determinado momento, o avanço da aprendizagem. Essas resistências podem ser originadas por obstáculos ontogenéticos, didáticos e/ou epistemológicos.

[17] Ver GLAESER, 1985; ASSIS NETO, 1995; SOARES, 2007.

[18] Na atual organização do sistema educacional brasileiro a EJA integra a Educação Básica. Assim, quando nos referimos a EJA e ao Ensino Fundamental é apenas para enfatizar a modalidade à qual estamos nos referindo, embora cientes de que os estudantes da 4ª fase da EJA, assim como os do 8º ano, pertencem ao Ensino Fundamental.

A EJA no Brasil é permeada de uma diversidade de clientela tanto do ponto de vista das práticas culturais quanto das diferentes faixas etárias, que compõem essa modalidade educacional. Mas, é justamente aí que se encontra a maior parte dos adultos que retornou à escola para aprimorar as suas práticas ou realizar sonhos que, quando crianças ou adolescentes, não lhes foram permitidos.

Considerando as dificuldades de aprendizagem dos números inteiros, a falta de exploração do desempenho de Pessoas Jovens e Adultas e as potencialidades e resistências, que supomos que essas pessoas apresentam em relação às crianças quando lidam com esses conceitos, como também à escassez de estudos que investiguem a compreensão das operações de multiplicação e divisão nesse campo dos números, é que nasce a nossa motivação para investigar essas questões.

A partir das inquietações apresentadas acima, é que neste estudo, tentamos responder a seguinte questão: *Quais as principais competências e dificuldades evidenciadas por adultos e adolescentes escolarizados em relação à multiplicação e divisão de números inteiros e que aspectos específicos (modalidade de ensino, idade, atividade profissional) podem influenciar a compreensão e as estratégias mobilizadas pelos estudantes?*

A nossa preocupação por essa questão surge, também, por entendermos que algumas situações vividas no dia a dia por adolescentes e adultos, como as relativas a débitos e créditos, possam favorecer, apesar de não suficientemente, a aceitação dos números negativos.

Por isso, é que nos propomos a realizar um estudo comparativo entre as formas de resolução e justificativas dadas pelos estudantes da 4.ª fase da EJA e os do 8.º ano, que são ciclos correspondentes do Ensino Fundamental, às estratégias que utilizam para resolver situações-problema com multiplicação e divisão de números inteiros relativos.

Além do mais, a nossa motivação para entender as formas de ação e compreensão de estudantes da EJA frente a conceitos matemáticos reside na pouca quantidade de investigações sobre as particularidades dos estudantes da EJA no desenvolvimento das competências matemáticas. De acordo com Gomes e Borba[19], ainda temos a "necessidade de se levantar como jovens e adultos desenvolvem seus conhecimentos matemáticos, dentro e fora de ambientes escolares".

As dificuldades no entendimento dos números relativos não são comuns apenas aos estudantes que já passaram pela escola. A própria história do desenvolvimento desses números e a sua demorada aceitação pelos próprios matemáticos são um indício da complexidade dessa questão, que parece ter sido amenizada quando os números passaram a ter a função não apenas de contar ou expressar uma medida, mas também de representar a ausência de uma grandeza ou expressar o comportamento de uma medida, tomando como referência o zero, como ocorre com as medidas de temperaturas negativas.

Para que possamos entender as dificuldades relativas à sala de aula e a relação entre as resistências de aprendizagem dos estudantes com aquelas apresentadas pelos matemáticos no desenvolvimento histórico do conceito e das operações envolvendo números inteiros, elencamos alguns pontos, que visam situar este problema.

1.1 A aceitação de medidas positivas e negativas como números inteiros

Os números negativos surgiram há mais de dois mil anos na China, onde eram representados por duas coleções de barras de bambu, ferro ou marfim. As barras vermelhas eram utilizadas para indicar os números positivos e as barras pretas para os números negativos. Mas, os chineses não admitiam que um número negativo pudesse representar a solução de uma equação algébrica, tendo em vista que eles tratavam esses números apenas como subtraendos[20].

---

[19] Ver GOMES; BORBA, 2008, p. 1.

[20] Ver BOYER, 1996.

A mais antiga universidade de que temos notícia é a Universidade de Alexandria, que surgiu por volta do ano 300 a. C. e durou até o ano 641 d. C. Lá se destacou, por volta de 250 d. C., um fascinante matemático, Diofanto[21] de Alexandria, que contribuiu na Álgebra e na Teoria dos Números. A ele atribui-se o primeiro tratamento com as regras de sinais[22].

Apesar de ter deixado poucas contribuições na Geometria, é justamente aí que, por meio de um diagrama geométrico, ele, no desenvolvimento do produto (a – b)(c – d), evidencia que a multiplicação de dois números negativos resulta em um número positivo[23].

Figura 1 – Demonstração feita por Diofanto da regra de sinais

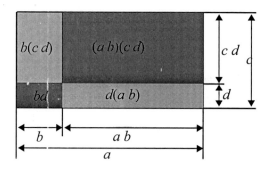

Na Figura 1, **a, b, c** e **d** representam segmentos de reta e esclarece esquematicamente o raciocínio utilizado por Diofanto. Observando a Figura 1, podemos perceber que a área do retângulo maior (lados **a** e **c**) é igual à soma das áreas dos quatro retângulos menores nele contidos, ou seja:

ac = (a b)(c d) + b(c d) + d(a b) + bd

---

[21] Em algumas obras (BOYER, 1996; ALVES, 2007) ao invés de Diofanto de Alexandria encontramos Diofante de Alexandria. Nesse texto nos referimos a esse matemático como Diofanto de Alexandria, como também o fazem Garbi (2009), Eves (2004) e Assis Neto (1995).

[22] Ver BOYER, 1996; GARBI, 2009.

[23] Ver GLAESER, 1985; GARBI, 2009.

As igualdades b(c – d) = bc bd e d(a b) = da db já eram conhecidas devido às demonstrações realizadas pelo grego Euclides, que viveu por volta do século III a. C. Ciente disso, Diofanto escreveu que:

$$(a\ b)(c\ d) + bc\ bd + ad\ bd + bd = ac, \text{ ou ainda:}$$

$$(a\ b)(c\ d) + bc\ bd + ad = \textbf{ac}\ \Longrightarrow\ (a\ b)(c\ d) = ac\ ad\ bc + bd$$

Como se pode perceber, a parcela que resulta do produto **(b)(d)** é considerada como igual a + **bd**, ou seja, Diofanto tratou o produto de duas medidas negativas como uma medida positiva.

> O que está em falta multiplicado pelo que está em falta dá o que é positivo; enquanto que o que está em falta multiplicado pelo que é positivo, dá o que está em falta[24].

A explicação anterior e a compreensão de Diofanto sobre o produto de dois números negativos resultar em um número positivo parece ser um primeiro passo na aceitação e compreensão dos números negativos, o que não significa, evidentemente, que Diofanto já tivesse percebido plenamente a existência dos números inteiros, tampouco que já entendesse esses números da mesma forma na qual os compreendemos hoje, ou seja, como um conjunto de números com características, significados e aplicações particulares.

A aceitação dos números inteiros foi lenta e bastante polêmica. Afinal, ainda hoje, podemos perceber, mesmo na comunidade de matemáticos, nuanças nesse campo numérico, se não na aceitação dos números inteiros relativos, mas na justificativa para as regras de sinais. Segundo Garbi,

> Alguns livros de Matemática dizem que a regra de sinais é uma convenção, não um teorema. Isso precisa ser recebido com cuidado e bem enten-

---

[24] Ver DIOFANTO *apud* GLAESER, 1985, p. 47.

dido: *trata-se de uma convenção que somos obrigados a estabelecer se quisermos que a propriedade distributiva do produto em relação à soma valha também para números negativos e essa é a essência da prova de Diofanto*[25].

Os hindus também já lidavam no século VII com números positivos e negativos. Por volta de 630, Brahmagupta, matemático indiano, destaca-se na Aritmética, Álgebra e Geometria. Na Geometria, contribui com um importante teorema sobre os quadriláteros inscritíveis, mais conhecido como fórmula de Herão. Na Aritmética, Brahmagupta também já recorre às regras de sinais e contribui para o demorado processo de sistematização dos números negativos ao tratar de medidas positivas e negativas[26].

Apesar de alguns povos já utilizarem a ideia de quantidades negativas, matemáticos como Descartes e Fermat, no século VII, deixaram de ampliar estudos geométricos por ignorarem os números negativos. Bháskara, matemático hindu, que viveu no século XII, afirmava que um número positivo possui duas raízes quadradas, uma positiva e uma negativa e já reconhecia que uma medida negativa não possui raiz quadrada; porém, ele desconsiderava a raiz negativa, o que indica que ele não dava aos números negativos o mesmo tratamento que atribuía aos números positivos. Thomas Harriot pensou ter demonstrado na sua obra "Artes Analíticas Aplicadas", publicada em 1721, que as raízes negativas eram impossíveis[27].

Os números negativos tinham aplicação limitada, podendo ser percebidos apenas em cálculos geométricos, em situações que envolviam a multiplicação de medidas negativas como o fez Diofanto, ou ainda em operações comerciais para se tratar das dívidas[28].

Na obra "Triparty em la Science des Nombres", publicada em 1484 pelo médico francês Nicolas Chuquet (1445-1500), os

---

[25] Ver GARBI 2009, p. 125, grifo do autor.

[26] Ver BOYER, 1996; EVES, 2004.

[27] Ver BOYER, 1996; GARBI, 2009.

[28] Ver GLAESER, 1985; ASSIS NETO, 1995.

números negativos são utilizados apenas em casos que envolvem dívidas e expoentes negativos, o que ele também já compreendia claramente. Para representar $12x^{-2}$, ele escrevia $12^2 m$, já que representava o sinal utilizando o símbolo *m*. Mas, quando uma equação algébrica apresentava uma raiz negativa, ele não considerava tal raiz, ou seja, os números negativos, segundo Chuquet, não serviam como solução para uma equação algébrica[29].

No século XVI, o alemão Michael Stifel (1487-1567) populariza os sinais + e nas operações de adição e de subtração. Há indícios de que esses sinais (+ e -) derivam das iniciais das palavras latinas *plus* e *minus*, apesar de autores como Garbi[30], por exemplo, apontarem a possibilidade de o sinal de + ser proveniente do termo latim *et* (*e*, em Latim). Stifel também não admitia a possibilidade de um número negativo indicar a raiz de uma equação algébrica e tratava tais números como "números absurdos"[31].

Outros matemáticos, tais como os italianos Scipione del Ferro (1465-1526), Nicolò Fontana (1500-1557), conhecido por Tartaglia devido a problemas na fala, e Girolamo Cardano (15011576), que foram algebristas de grande destaque no século XVI e que apresentaram muitas contribuições ao processo de resolução das equações algébricas de terceiro e quarto grau, também rejeitaram as raízes negativas[32].

A considerável lista de matemáticos que rejeitaram o uso de números negativos no tratamento algébrico, fez Glaeser[33] denominar esse fenômeno de *sintoma de evitação*.

Stevin, matemático que também viveu no século XVI, admitia que números negativos pudessem representar as raízes e os coeficientes de equações, mas ainda se manteve preso à

---

[29] Ver GLAESER, 1985.
[30] Ver GARBI, 2009.
[31] Ver GLAESER, 1985.
[32] Ver GLAESER, 1985.
[33] Ver GLAESER, 1985.

cardinalidade do número, isto é, o número para ele era a representação da quantidade de elementos de determinado objeto ou coisa. Essa concepção de que um número sempre deveria está associado a algo real, ou seja, a uma quantidade (cardinalidade do número, que é apenas uma das suas funções), é apontada como a principal responsável pelo atraso no desenvolvimento dos números relativos[34].

Perceber os números negativos numa perspectiva cardinal não é algo simples, pois essa aplicação apresenta contextos limitados. Mas, na época, o número ainda era tido apenas como uma representação do real:

> [...] o número era entendido como "coisa", como grandeza, como objeto dotado de substância. É claro que dentro dessa concepção fica difícil entender o número negativo. Um fato corriqueiro da Matemática, o que afirma que "um número negativo é menor que zero", torna-se problemático. Isso porque se número é quantidade, a identificação do número zero com ausência de quantidade ou com a expressão *nada* é natural. E como conceber algo menor que nada?[35]

Na segunda metade do século XVI, o advogado e matemático francês François Viète (1540-1603) apresenta grandes contribuições para o desenvolvimento algébrico com a utilização e difusão do uso de letras para representar os números, tanto no caso das incógnitas quanto no caso dos coeficientes das expressões[36]. Ao lidar com expressões literais, Viète admitia que essas pudessem assumir valores negativos.

O fato de Viète, considerado um dos maiores matemáticos do século XVI, considerar que equações algébricas pudessem ter raízes negativas não foi suficiente para que outros matemáticos compartilhassem do seu posicionamento em relação aos

---

[34] Ver GLAESER, 1985.
[35] Ver ASSIS NETO, 1995, p. 3.
[36] Ver GARBI, 2009.

números negativos. René Descartes (1596-1650), por exemplo, apesar de também considerar a existência de raízes negativas em equações algébricas, as trata como raízes *falsas*, evitando-as e preocupando-se nos estudos algébricos apenas com as raízes positivas que chamava de *verdadeiras*.

Glaeser[37] defende que a criação dos termômetros trouxeram contribuições para a compreensão e posterior aceitação dos números negativos. Ela recorre à história da criação do primeiro termômetro por Gabriel Fahrenheit, no século XVIII, para justificar o seu posicionamento. Fahrenheit, ao invés de considerar o ponto de fusão do gelo, como Réaumur e Celsius fizeram posteriormente, toma como ponto mínimo a menor temperatura registrada no inverno de 1709 e como ponto máximo a temperatura do corpo humano e divide esse intervalo em 100 unidades, chamando cada uma dessas unidades de grau.

Ao desconsiderar o ponto de fusão do gelo como o ponto fixo de menor valor da sua escala termométrica, Fahrenheit abre espaço para a representação de temperaturas por meio de números negativos[38].

Leonhard Euler (1707-1783), suíço nascido na Basiléia, foi considerado como um dos mais importantes e produtivos matemáticos do século XVIII. Ele atuou em todas as áreas da Matemática e em especial no campo da Aritmética. Ao lidar com os números inteiros, Euler já consentia a existência de números relativos e até justificava as regras de sinais.

> 1. A multiplicação de uma dívida por um número positivo não apresenta qualquer dificuldade: Três dívidas de **a** escudos fazem uma dívida de *3a* escudos. Logo $b \times (a) = ab$.
>
> 2. Por comutatividade, Euler deduz daí que $(a) \times b = ab$.
>
> 3. Resta determinar o que é o produto (a) por (b).

---

[37] Ver GLAESER, 1985.
[38] Ver GLAESER, 1985.

> É claro, diz Euler, que o valor absoluto é *ab*. Trata-se, portanto de decidir entre + *ab* e *ab*. Como *(-a) x b* já vale – *ab*, a única possibilidade restante é de que *(a) x (b)* = + *ab*[39]

Mais uma vez, vemos o quanto a multiplicação de medidas negativas foi de grande importância para o avanço e a aceitação dos números negativos, dado que aceitar o produto de duas medidas negativas como uma terceira medida positiva era uma condição geométrica nos casos onde a área de uma região retangular era conhecida e precisava-se obter, por meios algébricos, a medida de um dos lados dessa região. De tal forma que a conclusão de Diofanto pode ter sido consequência de uma verificação em situações reais.

No século XIX, com as contribuições do matemático Hankel (1839-1873), as quantidades negativas ganham uma explicação mais definitiva, adquirindo de fato a condição de número. Esse estado adquirido pelos números inteiros só foi possível porque Haenkel apresentou uma perspectiva diferente da compreensão que até então se tinha dos números, ou seja, para ele os números não eram descobertos, mas, sim, inventados ou imaginados. Essa compreensão de Haenkel é de grande importância para o desenvolvimento do conjunto dos números inteiros, pois, a partir dela, abandona-se a necessidade de obter, na natureza, exemplos práticos ou aplicações cotidianas para os números, o que, no caso dos inteiros, não é uma tarefa fácil[40]. Segundo Assis Neto, esse avanço histórico, referente à aceitação dos números inteiros relativos, ocorrido no século XIX, deu-se quando a Matemática deixou de ser vista como a ciência voltada apenas para a realidade das coisas e das substâncias. Tal momento é chamado por Ernest Cassirer como *passagem do pensamento substancial para o pensamento funcional*. Essa transposição indica que a "Matemática é, no sentido mais geral possível, a ciência das relações na qual se abstrai de todos os conteúdos das relações"[41].

---

[39] Ver EULER *apud* GLAESER, 1985, p. 64 e 65, grifo nosso.

[40] Ver GLAESER, 1985; ASSIS NETO, 1995; BOYER, 1996; EVES, 2004; GARBI, 2009.

[41] Ver ASSIS NETO, 1995, p. 3.

O longo caminho percorrido desde os chineses até o alemão Hankel para o entendimento e o verdadeiro ingresso dos números inteiros no rol dos conhecimentos matemáticos foi resultado do tratamento substancial e aplicável dado à Matemática, o que certamente pode ser apontado como um impedimento tanto no desenvolvimento do conjunto dos números inteiros quanto no aperfeiçoamento da própria Matemática[42].

Essa tentativa de atribuir à Matemática uma aplicação cotidiana e imediata, deixando de lado o seu caráter abstrato, é responsável pelo atraso na compreensão dos números inteiros. Na sala de aula, as dificuldades que decorrem no ensino e na aprendizagem desse conceito podem ter alguma relação com o ensaio realizado pelos matemáticos no entendimento dos números inteiros relativos[43]. Dissociar a Matemática, enquanto ciência dedutiva e formal, da sua aplicabilidade prática em situações do cotidiano, é compreendê-la não apenas como uma ciência, mas, também, como uma forma de atividade humana e, nesse papel, ela não pode ser conduzida apenas pelas suas regras internas[44]. Nestes termos, não podemos compreender a Matemática apenas olhando para as suas aplicações em fenômenos do dia a dia, tampouco podemos entender as situações e os acontecimentos que nos cercam sem recorrer à Matemática.

No que concerne à sala de aula, a Matemática é resultado de um processo de interação humana. Assim, o ensino e a aprendizagem dos números relativos envolvem diversos fatores, tais como: a Matemática desenvolvida pelos matemáticos, as experiências e os conhecimentos prévios dos estudantes e do professor, o modo como cada estudante aprende ou, ainda, a maneira como o professor concebe o seu papel e conduz a aprendizagem.

---

[42] Ver GLAESER, 1985; ASSIS NETO, 1995.

[43] Ver GLAESER, 1985; ASSIS NETO, 1995.

[44] Ver CARRAHER; CARRAHER; SCHLIEMANN, 1988.

1.2 Dificuldades na aprendizagem dos números inteiros relativos

No currículo escolar brasileiro, geralmente, o ensino dos números inteiros ocorre a partir do 7.º ano ou da 3.ª fase da EJA, que são ciclos do Ensino Fundamental correspondentes. Desde então, os estudantes têm contato com a chamada *regra dos sinais* e são estimulados a aplicá-las na resolução de operações com números inteiros.

Mas, esta tem sido uma tarefa na qual os estudantes tem apresentado muitas dificuldades e isso tem preocupado pesquisadores e professores da Educação Básica. Borba[45], ao referir-se ao ensino dos números relativos, diz que

> [...] a introdução desse novo campo numérico e das regras para operações com números positivos e negativos frequentemente resultam em dificuldades para os alunos, já que os números naturais até então eram os únicos utilizados em sala de aula.

Durante alguns anos os estudantes conheciam apenas os números naturais e as operações aritméticas que realizavam eram fechadas nesse conjunto; agora, *como convencê-los de que* **4 10 = 6**, *se, até então, eles não admitiam a possibilidade de tirar uma quantidade maior de uma quantidade menor?*

A dificuldade de compreensão dos números inteiros também é uma preocupação compartilhada com Assis Neto[46], que, ao se referir ao processo inicial de aprendizagem desses números, diz:

> Até então seus alunos vinham perdendo bolas de gude no jogo, gastando dinheiro ou emprestando coisas e com isso sabiam muito bem que a b é uma conta muito simples. Desde que a >

---

[45] Ver BORBA, 1998, p. 121.

[46] Ver ASSIS NETO, 1995, p. 2.

b. A dificuldade agora é que a < b e toda aquela experiência anterior parece prejudicar o novo aprendizado.

Outro problema que surge na aprendizagem dos números inteiros relativos é explicar que o sinal de menos não serve apenas para subtrair duas quantidades, mas que também é utilizado para indicar sinal de número. Nessa condição, inevitavelmente, o sinal de menos precisa ser aceito pelo estudante com outros significados (sinal de número, inversão, relação) porque, somente assim, é que ele poderá vir a compreender que de 4 é possível tirar 10. Assim, nota-se que a principal dificuldade de compreensão dos números inteiros é semântica, e não operatória.

O entendimento dos números inteiros relativos só se dá quando o estudante percebe a necessidade de ampliação do conjunto dos números naturais, que é válido apenas para algumas situações, como, por exemplo, ordenar, contar e codificar objetos.

As dificuldades que ora apontamos na aprendizagem dos números inteiros, também são notadas nos resultados das avaliações externas, que indicam índices de aprendizagens ainda mais baixos que em outros descritores da matriz de referência do 9.º ano do Ensino Fundamental do Sistema de Avaliação da Educação Básica (SAEB). Os descritores 18 (D18) e 20 (D20) tratam justamente da aprendizagem do conceito e da realização de operações com números inteiros relativos. O D18 prevê que o estudante, ao término do Ensino Fundamental, seja capaz de "efetuar cálculos com números inteiros, envolvendo as operações (adição, subtração, multiplicação, divisão, potenciação)" e o D20 espera que, no final do mesmo ciclo, o aluno possa "resolver problema com números inteiros envolvendo as operações (adição, subtração, multiplicação, divisão, potenciação)"[47].

A Figura 2 mostra uma das questões aplicadas aos alunos do 9.º ano do Ensino Fundamental pela Prova Brasil, com o objetivo de avaliar o desempenho dos mesmos no descritor 20.

---

[47] Ver BRASIL, 2008, p. 153.

Figura 2 – Exemplo de item do D20 aplicado na Prova Brasil[48]

Numa cidade da Argentina, a temperatura era de 12° C. Cinco horas depois, o termômetro registrou 7° C.

A variação da temperatura nessa cidade foi de

(A) 5° C (B) 7° C (C) 12° C (D) 19° C

Percentual de respostas às alternativas

A	B	C	D
45%	9%	8%	37%

O fato de quase metade dos participantes do teste terem indicado como resposta correta o número **5,** que é o resultado da operação **12 7,** vai ao encontro do que nos referimos anteriormente sobre o não conhecimento dos diferentes significados do sinal de menos, e também ao que algumas pesquisas têm apontado sobre as dificuldades de compreensão dos números inteiros relativos[49].

Ainda analisando a Figura 2, podemos perceber que os 45% dos estudantes, quando respondem o distrator apresentado no item **A**, trazem, à tona, dificuldades semelhantes àquelas evidenciadas pelos matemáticos, no entendimento e na aceitação dos números inteiros:

> Pelo menos uma das dificuldades que os alunos encontram no aprendizado do conceito de número negativo guarda um paralelo muito forte com uma dificuldade encontrada pelos matemáticos no desenvolvimento histórico do conceito. Trata-se da dificuldade de entender o negativo no quadro de uma concepção *substancial* de número. Por essa concepção, que predominou

---

[48] BRASIL, 2011, p. 177.

[49] Ver GLAESER, 1985; BORBA, 1993; NASCIMENTO, 2002; BORBA, 2009.

Menos com menos é menos ou é mais?

até certo período do século XIX, o número era entendido como "coisa", como grandeza, como objeto dotado de substância[50].

Esses são apenas alguns indícios de que a aquisição do conceito de números inteiros passa pelo domínio das quatro operações. Para que um estudante alcance um nível de desempenho satisfatório em situações, que envolvam números positivos e negativos, ele precisa, pelo menos, saber adicionar, subtrair, multiplicar e dividir nesse corpo de números; ou seja, ser competente no conjunto dos números inteiros é ser capaz de operar nesse campo numérico, compreendendo a variação e o comportamento dos termos dessas operações.

1.2.1 *O que dizem as pesquisas sobre os números inteiros*

Georges Glaeser[51] estudou os obstáculos epistemológicos relativos aos números inteiros relativos. O autor, preocupado com a epistemologia desses números, organiza metodologicamente a sua pesquisa em duas etapas. Na primeira, recorre à história da Matemática e levanta os livros e artigos que tratam ou evitam propositalmente os números relativos. Na segunda parte, analisa o material levantado, como é comum em investigações dessa natureza.

Glaeser, analisando o desenvolvimento histórico do entendimento dos números inteiros, pelos matemáticos, identifica os seguintes obstáculos epistemológicos à aprendizagem desses números:

1. Inaptidão para manipular quantidades isoladas;

2. Dificuldade em dar um sentido às quantidades negativas isoladas;

3. Dificuldade em unificar a reta numérica, expressa pela ideia da reta como justaposição de duas semirretas

---

[50] Ver ASSIS NETO, 1995, p. 3.
[51] Ver GLAESER, 1985.

opostas, o que desconsidera o caráter dinâmico e estático dos números e a diferenciação qualitativa entre quantidades positivas e negativas;

4. Ambiguidade do zero absoluto e do zero como origem;

5. Oposição relativa à concretude que decorre espontaneamente nos números Naturais (estagnação no estágio das operações formais);

6. Necessidade de um modelo unificador do campo aditivo para o multiplicativo.

O obstáculo *inaptidão para manipular quantidades isoladas* refere-se à rejeição de matemáticos, como Diofanto, a medidas negativas; nesta condição, o número não positivo (ou não número) era tratado como o que está em falta.

A *dificuldade em dar um sentido às quantidades negativas isoladas* é reconhecida em matemáticos como Stevin, que recorre a artifícios para que os "números negativos" sejam utilizados apenas como elementos intermediários, sem que estas representações sejam reconhecidas como número, mas apenas empregadas isoladamente para atender as necessidades da própria Matemática.

A principal identificação do obstáculo *dificuldade em unificar a reta numérica* é percebida na justaposição da reta numérica como duas semirretas opostas, condição que desconsidera o número com características dinâmicas, isto é, com diferentes significados. Tal obstáculo é percebido, também, no matemático Colin Maclaurin, para quem uma quantidade negativa só existiria por comparação com uma quantidade positiva, o que nos leva a perceber que as quantidades negativas eram apenas uma *ficção*.

A *ambiguidade do zero absoluto e do zero como origem* (ambiguidade dos dois zeros) está presente nos trabalhos de muitos matemáticos (como mostra o Quadro 1), que durante séculos interpretaram o zero apenas como valor absoluto, abaixo do qual nada mais poderia existir.

O obstáculo *oposição relativa à concretude que decorre espontaneamente nos Números Naturais* foi caracterizado como a longa dificuldade dos matemáticos de se distanciarem do sentido concreto e substancial dos números, para os quais a Matemática só existiria a partir do mundo real, ou seja, sem abstrações. Este obstáculo foi de difícil superação, já que durante séculos os números sempre indicavam um estado, e nunca uma ação. Por isso, a sua existência só se justificava a partir da representação do real.

A *necessidade de um modelo unificador do campo aditivo para o multiplicativo* caracteriza-se pela necessidade de trazer à tona um modelo aditivo eficiente também no campo multiplicativo, capaz de atender as propriedades destas duas operações.

Além de apresentar e descrever os obstáculos epistemológicos à compreensão dos números inteiros, Glaeser assinala quais deles foram observados entre alguns célebres matemáticos.

Quadro 1 – Obstáculos de matemáticos à compreensão dos números inteiros

NASC. – MORTE	OBSTÁCULOS AUTORES	1	2	3	4	5	6
~325-409 d.C.	Diofantes	-					
1548-1620	Simon Stevin	+	-	-	-	-	-
1596-1650	René Descartes	+	?	-	?		
1698-1746	Colin Maclaurin	+	+	-	-	+	+
1707-1783	Leonard Euler	+	+	+	?	-	-
1717-1783	Jean D'Alembert	+	-	-	-	-	-
1753-1823	Lazare Carnot	+	-	-	-	-	-
1749-1827	Pierre de Laplace	+	+	+	?	-	?
1789-1857	Augustin Cauchy	+	+	-	-	+	?
1839-1873	Herman Hankel	+	+	+	+	+	+

Legenda: + obstáculo ultrapassado; pesquisado, mas não ultrapassado; ? não há como informar pelos textos pesquisados; - o autor/matemático não tentou ultrapassar o obstáculo.

A necessidade de atribuir sentido aos números e a ideia de que de uma quantidade menor não se pode tirar uma quantidade maior, entre outras, como as apontadas por Glaeser, tenta mostrar que os números naturais apresentam-se como um obstáculo para a aprendizagem dos números inteiros.

Finalmente, Glaeser conclui que os obstáculos por ele identificados perturbaram os matemáticos por mais de 1500 anos. Ainda, conclama que, enquanto a didática científica se esforça para evidenciar as potencialidades e dificuldades de um ensino baseado em exemplos e na concretude da Matemática, os documentos históricos por ele analisados indicam que tal ação atrasou a efetiva compreensão dos números inteiros; isso não implica que a transposição do saber científico para o saber escolar deva ser totalmente desvinculada dos diferentes contextos sociais e matemáticos dos conceitos em tela.

Na sala de aula, os obstáculos apontados por Glaeser ainda não foram plenamente superados pelos estudantes, como mostra o estudo de Borba[52], que analisou, em função dos contextos e das regras de sinais das operações adição e subtração em , as dificuldades de estudantes antes e depois do recebimento de instrução nesse campo numérico. Ainda, investigou possíveis justificativas para as dificuldades apresentadas pelos estudantes no manuseio das regras e relações relativas a este conjunto.

O estudo foi organizado em três etapas: pré-teste, intervenção e pós-teste.

Participaram desta pesquisa 64 crianças da 4.ª série[53] e 32 estudantes da 6.ª série do Ensino Fundamental. Os estudantes da 4.ª série foram distribuídos em quatro grupos, sendo três experimentais e um funcionando como grupo controle. Os participantes da 6.ª série atuaram como um segundo grupo controle.

---

[52] Ver BORBA, 1993.

[53] Na legislação atual, a 4.ª série corresponde ao 5.º ano do Ensino Fundamental, da mesma forma que, a 6.ª série corresponde ao 7.º ano do Ensino Fundamental.

Os grupos experimentais resolveram situações relacionadas aos contextos de ganhos e perdas financeiras, tendo como suporte a reta numérica e os diagramas propostos por Vergnaud para o ensino das estruturas aditivas. Esses grupos distanciavam-se na forma de utilização das regras de sinais (construídas por meios de situações de débitos e créditos, apresentadas ou evitadas pelo instrutor no decorrer do treinamento).

Os estudantes do grupo controle, da 4.ª série, foram treinados em contextos semelhantes aos grupos experimentais, mas as situações propostas resultavam apenas em ganhos (créditos). Os participantes da 6.ª série recebiam instrução semelhante àquela apresentada pelos professores no ensino desses conceitos.

A instrução dos estudantes da 4.ª série ocorreu no decorrer de seis aulas (45 minutos cada aula), sendo que cada grupo participava de um encontro a cada semana. Já para os estudantes da 6.ª série, a instrução deu-se durante nove aulas, com 45 minutos cada aula.

Os estudantes da 4.ª série eram equivalentes no que se refere à média de acertos apresentadas no pré-teste, que foi de aproximadamente 20%. Essa equivalência é resultado da forma como os grupos foram organizados.

Os resultados apontaram que as crianças da 4.ª série evidenciaram noções intuitivas apenas quando as situações pertenciam a contextos significativos, como problemas de débitos, créditos e de temperaturas, diferentemente dos estudantes da 6.ª série, que indicaram uma conceitualização inicial sobre os conceitos em pauta neste estudo, já que foram capazes de resolver até mesmo questões e expressões formais descontextualizadas.

A comparação entre os resultados do pré e dos pós-teste indicou que todos os estudantes apresentaram avanços estatisticamente significativos. A 6.ª série continuou a apresentar o melhor desempenho em relação aos estudantes da 4.ª série. Nos grupos da 4.ª série, os grupos experimentais apresentaram melhores resultados do que o grupo de controle.

A instrução formal permitiu aos estudantes da 6.ª série evoluírem do modelo de reta numérica dividida (para as operações adição e subtração) para um modelo de reta contínua, permitindo manipular os inteiros positivos e negativos, tanto isoladamente quanto os inseridos numa mesma expressão.

A instrução formal com situações de créditos e débitos, envolvendo apenas números naturais, não se mostrou suficiente para o desenvolvimento da compreensão do conceito de números inteiros.

A pesquisadora conclui, chamando a atenção para a importância da instrução formal para o efetivo entendimento do conceito de números relativos, que deve considerar os conhecimentos anteriores dos estudantes sobre esses números e contextos que sejam significativos para as crianças. Finalmente, ela aponta que crianças da 4.ª série já podem ser escolarizadas no conceito e nas operações de adição e subtração com esses números.

Assim como Glaeser[54], Nascimento[55] retoma alguns obstáculos epistemológicos à aprendizagem dos números inteiros relativos. Ele analisou e comparou os obstáculos apresentados por alunos da 7.ª série[56] do Ensino Fundamental e da 1.ª série do Ensino Médio quando resolvem uma sequência de questões envolvendo adição e subtração de números inteiros em dois ambientes: o papel e o computador, onde utiliza o software Megalogo[57].

O referido pesquisador realizou um estudo de caso com quatro estudantes, sendo dois da 7.ª série do Ensino Fundamental e dois do 1.º ano do Ensino Médio, desenvolvido em três fases:

✓ Pré-teste: sequência de operações, envolvendo adição e subtração de números inteiros no papel, aplicadas em uma turma da 7.ª série do Ensino Fundamental e em uma turma do 1.º ano do Ensino Médio, com o obje-

---

[54] Ver GLAESER, 1985.

[55] Ver NASCIMENTO, 2002.

[56] Equivale na legislação atual ao 8.º ano.

[57] O Megalogo é um programa de computador desenvolvido em 1994, baseado na linguagem de programação Logo.

tivo de identificar os estudantes que apresentavam os obstáculos apontados na literatura e selecioná-los para participar do estudo;

✓ Sequência de atividades no papel e no computador: cada um dos estudantes participou de dois encontros, resolvendo ao mesmo tempo atividades no papel e num software que simulava uma reta numérica dinâmica (Megalogo).

✓ Pós-teste: nessa fase, os quatro participantes realizaram no papel um pós-teste semelhante ao pós-teste.

A partir daí, o pesquisador analisou as evoluções dos participantes, segundo cada um dos obstáculos e dificuldades identificadas na fase inicial da sua pesquisa.

O autor reforça alguns obstáculos que produzem dificuldades na compreensão do conceito de números inteiros, bem como na resolução de questões envolvendo adição e subtração nesse campo numérico, tais como: *a concepção do número como cardinalidade,* o que não ocorre com os números inteiros; *o revés sofrido pelo conceito de ordinalidade na reta numérica,* que deixa de ter um só sentido; *o zero não como ausência, mas como resultado de operação, os diferentes significados do sinal de menos,* que provoca generalizações da regra de sinais para além do seu campo de validade e a herança dos números naturais de que do menor não se pode tirar o maior.

Além disso, os resultados indicaram que os estudantes evoluíram em três dos obstáculos apontados: *não admissão do número negativo isolado, não se pode subtrair o maior do menor* e *o sinal de menos da operação como inversão.* Segundo o autor, essa evolução é consequência do uso da reta numérica num ambiente computacional, o que provocou nos participantes uma melhor compreensão das operações de adição e de subtração de números inteiros relativos, apesar de, mesmo no computador, persistirem as dificuldades advindas dos diferentes significados do sinal de menos.

Outro resultado importante do seu estudo é que a evolução dos alunos do Ensino Fundamental foi maior do que a dos estudantes do Ensino Médio.

Nascimento conclui chamando a atenção para a limitação dos resultados obtidos na sua investigação, principalmente no que se refere à quantidade de participantes do seu estudo, o que restringe ainda mais o poder de generalização dos mesmos.

Borba[58], preocupada com questões relativas à aquisição do conceito de números inteiros, traz, à tona, os resultados de três estudos realizados com crianças inglesas, ainda não escolarizadas nesse campo numérico.

A autora defende que a aquisição de um conceito é influenciada pelos *significados, propriedades e representações simbólicas* utilizadas pelos estudantes no decorrer das situações que lhes são apresentadas. Por isso, analisa, isoladamente, o papel de cada uma destas dimensões no processo de conceitualização dos números relativos.

Do mesmo modo que os problemas envolvendo números naturais possuem diferentes significados, os problemas que envolvem números inteiros também apresentam diferentes tipos, entre eles: *medida, relação e transformação*. Por exemplo, se alguém possui R$ 5,00 na sua conta bancária e retira R$ 7,00, o seu saldo passa a ser uma dívida de R$ 2,00. Assim, o 5 é uma medida positiva, o 2 final uma medida negativa e o 7 representa uma transformação negativa (se fosse o caso, de um depósito de R$ 7,00 teríamos uma transformação positiva). Ainda, o 7 pode ser entendido como uma relação, pois, independentemente do que a pessoa possuía antes, ela tinha 7 a menos do que antes, o que caracteriza uma relação negativa[59].

A autora realizou uma triangulação (análise de estudos anteriores, compreensão dos estudantes antes do ensino formal, experimentação de uma forma de ensino) na busca de evidências das dimensões que influenciam a aprendizagem desses números.

---

[58] Ver BORBA, 2009.

[59] *Idem.*

Ao analisar estudos anteriores, Borba aponta que estudantes, ainda não escolarizados nesse campo numérico, demonstram compreender o significado de inteiro enquanto medida, mas a compreensão de inteiro enquanto relação requer um tempo maior.

A primeira investigação de Borba[60] propunha-se a confirmar resultados isolados de estudos anteriores, que indicavam a influência dos significados, dos invariantes e das formas de representações simbólicas na compreensão dos números inteiros.

Participaram deste estudo 60 crianças de sete e oito anos de idade, aleatoriamente, organizados em quatro grupos, que se diferenciavam pelos significados dados aos números inteiros e pelas formas de representação (implícita ou explícita). As crianças resolviam 12 problemas por meio do jogo do *pinball*.

Os resultados indicaram que estudantes antes da escolarização formal no conjunto dos inteiros já possuem conhecimentos importantes sobre esse campo numérico, principalmente quando a situação se refere a inteiro enquanto medida, e não se faz necessário explicitar os números e as operações realizadas com os mesmos e os problemas em questão são diretos. Com isso, a autora confirma que os significados, os invariantes e as formas de representação influenciam fortemente na aquisição do conceito de números relativos.

A proposta do segundo estudo foi auxiliar os estudantes na compreensão de problemas com significado de medida e de relação, no campo dos números relativos. Desse estudo, participaram 60 crianças, diferentes das do primeiro estudo, resolvendo problemas de transformações no jogo do *pinball*. Foram propostos 12 problemas, que se diferenciavam na quantidade de valores negativos envolvidos e no significado do resultado (medida ou relação).

Os resultados dessa intervenção apontaram que registrar diferentes números positivos e negativos foi uma tarefa simples para a maior parte das crianças, que se utilizavam de cartões coloridos ou de representações escritas.

---

[60] Ver BORBA, 2009.

Os estudantes que discutiam o significado do inteiro enquanto relação avançaram mais do que os estudantes que lidavam com problemas de medida, de modo que os que apenas resolviam problemas de relação, no pós-teste, evoluíram no contexto do inteiro enquanto medida; já os estudantes que resolviam problemas relativos ao significado de medida não conseguiram avançar na compreensão dos problemas de relação.

A terceira intervenção da autora tinha como objetivo ajudar os estudantes a superarem as dificuldades relativas aos problemas inversos no contexto dos números inteiros. Nesse estudo, os participantes foram distribuídos em dois grupos. No primeiro, discutiam-se apenas problemas diretos, enquanto no segundo, apenas problemas inversos.

Os resultados do pós-teste indicaram que os estudantes que resolveram apenas problemas inversos na intervenção conseguiram resolver tanto os problemas inversos quanto os diretos. Os que resolveram problemas diretos evoluíram apenas nesse tipo de problema.

Borba[61] concluiu que é mais fácil entender o significado do inteiro enquanto medida do que enquanto relação, que lidar com problemas inversos é bem mais difícil do que resolver problemas diretos e que a maior dificuldade dos estudantes, ao operarem com os números inteiros, deve-se à necessidade de representar explicitamente esses números. Ainda, aponta que discutir, na sala de aula, problemas mais complexos auxilia os estudantes a compreenderem problemas mais simples.

Da análise desses estudos, percebemos que não se podem entender os números negativos com a mesma natureza com que os números naturais foram concebidos e utilizados historicamente pelas diversas civilizações, já que eles eram tidos como representações da quantidade de objetos, animais ou pessoas, mesmo sabendo que, quando o ensino dos núme-

---

[61] *Idem.*

ros naturais se dá por meio de situações significativas, a sua aprendizagem é facilitada como aponta o estudo realizado por Nunes e Bryant[62].

A facilidade na compreensão de situações que associam número ao seu significado pode estar relacionada ao desenvolvimento histórico da representação do número que, segundo Boyer[63], deu-se em diferentes civilizações (Maias, Egípcios, Hindus, Romanos, Babilônios, Chineses entre outras) por meio da percepção de características entre as quantidades de objetos ou animais e as representações que faziam para representar essas quantidades.

Analisando essas pesquisas, percebemos que as dificuldades enfrentadas por estudantes da Educação Básica são decorrentes de obstáculos didáticos e epistemológicos no processo de ensino-aprendizagem de números inteiros relativos. Tais dificuldades podem alcançar outros campos conceituais, pois, segundo Borba[64], a aprendizagem dos números inteiros relativos é importante para o entendimento de álgebra, para a representação gráfica de funções e para o cálculo de quantidades (velocidade, distância, tempo).

Para Teixeira[65], os números positivos e negativos não são caracterizados como números inteiros pelo seu valor absoluto, mas, sim, pela posição que ocupam em relação ao ponto de origem; por isso, esses números são tratados como relativos, ou seja, amplia-se a ideia construída no conjunto dos números naturais de que um número sempre representa uma quantidade.

No capítulo seguinte, discutimos a Teoria dos Campos Conceituais e o Campo Conceitual das Estruturas Multiplicativas. A utilização desta teoria neste estudo justifica-se pela preocupação

---

[62] Ver NUNES; BRYANT, 1997.

[63] Ver BOYER, 1996.

[64] Ver BORBA, 1993, p. 26.

[65] Ver TEIXEIRA, 1993,

de Vergnaud[66] sobre o processo de aquisição de conceitos científicos e técnicos, apresentando uma operacionalidade didática que permite analisar a sala de aula sobre múltiplos aspectos (processo de aquisição, desenvolvimento e mobilização das competências para resolução de problemas).

---

[66] Ver VERGNAUD, 1996.

CAPÍTULO 2

A TEORIA DOS CAMPOS CONCEITUAIS E O CAMPO CONCEITUAL DAS ESTRUTURAS MULTIPLICATIVAS

Como se desenvolvem as competências?

É para responder a esta questão, que, o professor e psicólogo francês Gérard Vergnaud desenvolveu a Teoria dos Campos Conceituais.

Vergnaud avançou em relação a Piaget quando considera que o processo de conceitualização do real envolve aspectos intrassubjetivos e extrassubjetivos. A sua teoria reconhece a importância da mediação na construção dos conceitos, como propunha Vygotsky; por isso, destaca que a escolha das situações exerce papel fundamental na aprendizagem.

O objetivo da TCC é compreender como se dá a aprendizagem de um conceito. Para Vergnaud[67], um conceito não pode ser reduzido à sua definição, principalmente quando o nosso interesse é a sua aprendizagem e o seu ensino.

Para Vergnaud, a Teoria dos Campos Conceituais tem como finalidade

> [...] propor uma estrutura que permita compreender as filiações e rupturas entre conhecimentos, em crianças e adolescentes, entendendo-se por "conhecimentos", tanto as habilidades quanto as informações expressas. As ideias de filiação e ruptura também alcançam as aprendizagens do adulto, mas estas ocorrem sob condições mais ligadas aos hábitos e formas de pensa-

---

[67] Ver VERGNAUD, 2003.

> mento adquiridas, do que ao desenvolvimento da estrutura física. Os efeitos da aprendizagem e do desenvolvimento cognitivo ocorrem, na criança e no adolescente, sempre em conjunto[68].

O autor defende que a maior parte dos nossos conhecimentos está relacionada com a execução de uma determinada atividade, ou seja, os conceitos são colocados em ação no momento de resolver determinada questão[69].

À capacidade de mobilização dos conhecimentos na resolução de situações reais, Vergnaud chama de competência. Apesar de uma competência sempre estar associada a uma ação, a questão é que nem todas as competências do indivíduo são evidentes a ponto de serem percebidas.

A preocupação do autor com o processo de aprendizagem o leva a propor essa teoria que pretende buscar meios que permitam a compreensão e o acesso à dimensão implícita do conhecimento. Em outras palavras, ele busca compreender como ocorre o desenvolvimento das competências. Sendo assim, trata-se de uma teoria cognitivista, o que não a impede de ser utilizada em outras áreas do conhecimento, mais especificamente na didática, apesar de não ser uma teoria didática. Como diz Maia[70],

> Estamos, assim, diante de uma teoria psicológica, multidimensional e desenvolvimentista do conhecimento. Na realidade, esta é uma teoria cognitiva do sujeito em situação. Enquanto tal, corresponde a uma abordagem psicológica do conhecimento que considera, ao mesmo tempo, o processo de desenvolvimento e de aprendizagem do indivíduo. Neste sentido, a atividade educativa é parte integrante do seu campo de estudo e, em particular, a atividade didática.

---

[68] Ver VERGANUD, 1996, p. 87.

[69] Não estamos nos referindo à questão como sinônimo de tarefa ou problema escolar, mas a toda situação que requer a mobilização de conceitos.

[70] Ver MAIA, 1999, p. 2.

Nessa perspectiva, a Teoria dos Campos Conceituais apresenta muitas contribuições no processo de conceitualização do real que tem na cognição o seu problema central. Por isso, essa teoria tem sido muito utilizada na Educação Matemática, principalmente, em investigações sobre o modo como se dá o desenvolvimento de conceitos matemáticos. Ainda, é uma teoria que tem colaborado com a análise de dados de vários estudos em todo o mundo nas últimas duas décadas e é a espinha dorsal dos Parâmetros Curriculares Nacionais (PCN) de Matemática.

Vergnaud[71] aponta que é por meio da conceitualização do real que a ação se torna operatória. Com isso, ele nos ensina que a eficácia de uma competência está intimamente relacionada com a construção do conceito, ou seja, para elaborar determinado conceito, o indivíduo precisa mobilizar os conhecimentos de que já dispõe e que foi adquirido em situações anteriores e buscar estratégias que lhe permitam modelar e resolver a nova situação. Por essa razão, todos os conceitos têm um domínio de validade limitado, tendo em vista que, para cada nova situação, exigem-se novas mobilizações e a construção de novos conhecimentos.

Um exemplo da limitação do campo de validade de um conceito pode ser a ideia trazida pelos estudantes diante das operações com números naturais, de que *de uma quantidade menor não se pode tirar uma quantidade maior*.

Ao conhecer novas situações que exigem a ampliação do campo dos números naturais para o domínio dos números inteiros, o estudante precisa reformular os seus conceitos prévios sobre operações com números naturais para outro campo de validade. Certamente, essa reelaboração dos conceitos prévios dar-se-á com algumas dificuldades, que podem ser superadas mediante novas situações que apresentem outros significados e abranjam, no caso, as operações com números inteiros.

---

[71] Ver VERGNAUD, 1996.

A Teoria dos Campos Conceituais vem nos fornecer um aporte teórico que nos permita enxergar outros fatores, que influenciam e interferem no processo de elaboração de novos conceitos, apresentando ainda que é na situação-problema que os conhecimentos prévios são desarranjados e modelados para dar sentido e construir novos conceitos. É por meio das situações e dos problemas a resolver que um conceito adquire sentido para a criança[72].

Vergnaud[73] aponta que o desenvolvimento de um conceito, como, por exemplo, a aprendizagem do conceito de números inteiros, pode ocorrer mediante duas classes de situações:

1. O sujeito já possui os conhecimentos necessários à sua resolução – por exemplo, resolver a situação **12 5** pode não exigir de um determinado aluno que já domina o conceito de subtração de números naturais a elaboração de novas habilidades. Desse modo, a solução é dada pelo aluno de modo automatizado e relativamente imediato.

2. Já ao solicitar a um estudante que ainda não apreendeu o conceito de números inteiros, tampouco a resolução de subtração no conjunto dos números inteiros, que resolva a situação **5 12**, vai exigir dele algumas reflexões sobre o campo de validade dos conceitos de que já dispõe para que, explorando o que já conhece e buscando levantar novas informações sobre o "desafio" proposto, possa arriscar uma resposta, que, evidentemente, pode está correta ou não.

Buscamos ilustrar essas duas situações para discutir o conceito de esquemas, que nos faz perceber a aproximação entre a teoria dos Campos Conceituais de Vergnaud e a teoria da equilibração de Jean Piaget.

Assim como Piaget, Vergnaud chama de esquema o comportamento invariante que um sujeito apresenta ao resolver

---

[72] Ver VERGNAUD, 1996, p. 156.
[73] Ver VERGNAUD, 1996.

determinado problema. Por exemplo, na primeira situação, na qual o sujeito resolve facilmente a questão que lhe é apresentada, temos possivelmente a utilização de um só esquema e a resolução é realizada pelo estudante de forma automatizada; enquanto que, no segundo caso, quando o estudante não consegue resolver imediatamente a questão que lhe foi proposta, temos a mobilização de vários esquemas que vão entrar em conflitos cognitivos, até a obtenção da solução desejada, exigindo que os esquemas sejam acomodados, descombinados e depois voltem a se combinar, culminando com a aquisição de novos conhecimentos.

Na primeira situação, o conceito de esquema é mais evidente e aplica-se, portanto, imediatamente, enquanto que, na segunda, far-se-á necessário estabelecer relações entre o "novo problema" e um conjunto de outras situações e problemas com os quais o estudante já se deparou e observa algum tipo de aproximação com o novo conhecimento, o que não garante que essa ligação entre o já sabido e o novo vá garantir um sucesso imediato na resolução da questão.

No momento em que o estudante começa a estabelecer relações entre um grupo de situações e outro, ele o faz por um conjunto de elementos que lhe permitem estabelecer essas conexões; por isso, é que um esquema sempre tem como núcleo um conceito implícito.

Para o autor os esquemas desempenham um papel muito importante na aprendizagem de novos conceitos, pois, como vimos, a compreensão do modo como o sujeito organiza e resolve um conjunto de situações semelhantes se dá por meio da análise desses esquemas. Sintetizando, o pesquisador francês defende que é por meio dos esquemas que se pode entender a relação entre os conhecimentos cognitivos de que o sujeito dispõe e a mobilização desses conhecimentos em ações operatórias.

Os conhecimentos que estão implícitos ou explícitos nos esquemas, mesmo em diferentes situações que envolvem um mesmo conhecimento, apresentam algumas características comuns, que Vergnaud chama de invariantes; ou seja, os invariantes são componentes cognitivos embutidos nos esquemas. É importante deixar claro que não são apenas as estratégias de resolução que podem apresentar semelhanças e caracterizar um determinado invariante, mas também outras ações como a interpretação da situação em contextos comuns e até mesmo as invariações dos gestos etc.

Vergnaud[74] chama de *invariantes operatórios* as semelhanças cognitivas observadas nos esquemas. Por sua vez, ele denomina de *teorema-em-ação* e *conceito-em-ação* os conhecimentos que são identificados quando um sujeito se depara com certa situação. Essa classificação didática apresentada pelo autor dá-se mediante o estágio de desenvolvimento no qual se encontra a elaboração de um novo conceito pelo sujeito. Além dos invariantes operatórios, um esquema leva em consideração também antecipações do objeto e regras de ação e inferência.

Retomando as ideias de Vergnaud sobre teorema-em-ação e conceito-em-ação, o autor deixa claro que, embora exista uma relação simbiótica entre teorema-em-ação e conceito-em-ação, não se pode confundi-los, tendo em vista que um teorema--em-ação são proposições que os estudantes consideram para escolher determinado procedimento na resolução de uma tarefa; portanto, possui um campo de validade limitado, uma vez que algumas vezes o seu domínio de validade só alcança um conjunto de problemas e, ainda, pode ser acionado intuitivamente pelo estudante ao perceber algum tipo de relação entre a operação escolhida e a situação que lhe foi proposta, podendo garantir tanto o sucesso quanto o fracasso do estudante na resolução do problema.

O conceito-em-ação é uma característica, algo que o sujeito acredita poder afirmar veemente; por isso, não lhe cabe o julga-

---

[74] Ver VERGNAUD, 2003.

mento de ser verdadeiro ou falso, é o atributo que lhe permite, dentre um vasto campo de conhecimentos, *localizar* quais deles serão mobilizados para a formulação dos teoremas necessários à resolução do desafio que se apresenta.

Ainda, segundo essa teoria, um conceito precisa ser visto como um conjunto formado por três elementos e que só possuem sentido quando tratados de modo integrado e horizontal. Para Vergnaud[75], um conceito é formado pelo conjunto de situações (S), que, quando tratadas pelos sujeitos, apresentam procedimentos invariantes (I) que podem ser identificados, entre outros, por meio de diversas representações simbólicas (&). Resumindo, um conceito se forma a partir da tríade (S, I, &).

Vergnaud[76] não concebe o ensino e a aprendizagem de um conceito de modo isolado, fragmentado, isto é, para ele uma situação, por mais simples que possa parecer, sempre envolve diversos conceitos, do mesmo modo que um conceito nunca é tratado por um só tipo de situação, ou seja, um conceito sempre engloba diversas situações. Essa compreensão de Vergnaud, a respeito da relação entre conceitos e situações, ele a chama de *campo conceitual*, ou seja, um campo conceitual pode ser entendido como um conjunto de situações envolvendo diversos conceitos.

Como exemplo, podemos citar o campo conceitual das estruturas aditivas que envolvem as situações que tratam das operações de adição de subtração ou dos problemas, que combinam essas duas operações. Do mesmo modo, o campo conceitual das estruturas multiplicativas é formado pelo conjunto de problemas que requerem uma multiplicação, uma divisão ou, ainda, uma combinação dessas duas operações. Vergnaud[77] desenvolveu os campos conceituais das estruturas aditivas e multiplicativas no âmbito dos números inteiros positivos.

---

[75] Ver VERGNAUD, 1996.

[76] *Idem.*

[77] *Idem.*

2.1 O Campo Conceitual das Estruturas Multiplicativas

O campo conceitual das estruturas multiplicativas é constituído por todas as situações que podem ser analisadas e/ou resolvidas como proporções simples e múltiplas, onde se aplicam as operações de multiplicação e/ou divisão. Essas situações podem envolver conceitos como os de funções lineares e não lineares, números racionais, proporções, espaços vetoriais, análise dimensional, multiplicação e divisão.

Vergnaud[78] defende que tratar o campo multiplicativo como uma continuidade do campo aditivo, reduzindo a multiplicação a uma adição de parcelas iguais, é uma incoerência porque essas operações apresentam fundamentos distintos.

Nunes e Bryant[79] defendem que a criança, ao estudar o campo multiplicativo, deve entender novos conceitos e mobilizar novos/outros invariantes, como os que envolvem a multiplicação e a divisão, ampliando, portanto, os conceitos de adição e subtração, uma vez que as ideias de multiplicar e dividir não se reduzem às ações de unir e separar, o que não impede que o cálculo da multiplicação seja feito como uma adição de parcelas repetidas, desde que haja entendimento dos sentidos e invariantes exigidos pela multiplicação, já que essa é apenas uma estratégia de cálculo, mas não conceitual.

A representação $3 \times 4 = 12$ pode assumir, a depender da situação, diferentes significados, exigindo a mobilização de esquemas de naturezas e complexidades bem distintas. No campo conceitual das estruturas multiplicativas, Vergnaud apresenta e analisa os diferentes significados e invariantes que podem ser mobilizados nesse campo conceitual.

O psicólogo francês organiza essas situações em três classes de problemas, envolvendo relações ternárias e quaternárias: *isomorfismo de medidas, produto de medidas e proporções múl-*

---

[78] Ver VERGNAUD, 1996.
[79] Ver NUNES; BRYANT, 1997.

tiplas. Cada uma dessas classificações ainda possui subclasses de problemas.

O quadro a seguir, organizado pelo Grupo de Pesquisa Reflexão, Planejamento, Ação, Reflexão em Educação Matemática (REPARE), apresentado por Magina, Santos e Merlini[80] sintetiza o campo conceitual das estruturas multiplicativas.

Quadro 2 – Organização do Campo Conceitual das Estruturas Multiplicativas

A operação, seja ela multiplicação, divisão ou uma combinação das duas, não é o que determina o grau de dificuldade para resolver uma ou outra situação, mas, sim, a sua estrutura que pode variar em aspectos como: significado, natureza dos números envolvidos e posição da incógnita.

O isomorfismo de medidas constitui-se pelas situações que envolvem relações quaternárias, onde as quantidades diferenciam-se na sua natureza duas a duas, como exemplificaremos adiante. Essa classe de problemas pode ainda ser dividida em: *problemas de multiplicação, problemas de divisão por partição, problemas de divisão por quotição e quarta proporcional*.

O quadro seguinte apresenta um exemplo para cada uma mdas classificações de isomorfismo de medidas:

---

[80] Ver MAGINA; SANTOS; MERLINI, 2010, p. 6.

Quadro 3 – Classificação e exemplos de problemas das Estruturas Multiplicativas

CLASSIFICAÇÃO	EXEMPLO
Multiplicação	Maria Eduarda tem 3 caixas com 4 bombons em cada caixa. Quantos bombons Maria Eduarda tem ao todo?
Divisão por partição	Davi tem 12 carrinhos para igualmente organizá-los em 4 caixas. Quantos carrinhos serão colocados em cada caixa?
Divisão por quotição	Mateus tem 12 carrinhos e quer colocá-los em caixas de modo que cada caixa tenha 3 carrinhos. De quantas caixas ele vai precisar?
Quarta proporcional	Talyson comprou 4 ingressos por 12 reais. Depois lembrou que um dos seus primos não poderia ir ao parque e devolveu um dos ingressos. Quanto ele pagou pelos três ingressos?

Os problemas de produtos de medidas são aqueles que envolvem relações ternárias, que correspondem ao produto das outras duas; é uma composição cartesiana de duas medidas (problemas de área, de volume e de combinatória).

Exemplo: Maria Eduarda tem 3 saias (azul, rosa e verde) e 4 blusas (branca, preta e marrom). Quantas combinações de roupas ela pode fazer usando sempre uma blusa e uma saia?

As proporções múltiplas também envolvem relações ternárias, mas que não podem ser resolvidas apenas pelo produto das outras duas medidas.

Exemplo: Isabel, Davi, Mateus e Talyson fizeram uma viagem e passaram três dias em um hotel. O gasto total com as diárias foi de R$ 600,00. Quanto custou cada diária?

CAPÍTULO 3

ESTUDANTES EM AÇÃO NAS OPERAÇÕES MULTIPLICAÇÃO E DIVISÃO ENVOLVENDO NÚMEROS INTEIROS

Neste capítulo, apresentamos o desempenho dos estudantes quando em ação nas operações multiplicação e divisão de números inteiros. Os dados foram coletados por meio de entrevistas clínicas, usando elementos do método clínico-piagetiano, que é caracterizado por Carraher, Schliemann e Carraher como o método que

> [...] envolve a apresentação de problemas cuidadosamente selecionados aos sujeitos de modo não-padronizado, mas, ao mesmo tempo não casual. O investigador procura descobrir, através da obtenção de justificativas e da apresentação de novos problemas, que forma de raciocínio o sujeito está utilizando[81].

Participaram da pesquisa 32 estudantes após a instrução formal sobre multiplicação e divisão de inteiros. Para um maior controle das variáveis, modalidade de ensino e idade, os participantes foram distribuídos em quatro grupos, conforme o Quadro 4, a seguir:

---

[81] Ver CARRAHER; SCHLIEMANN; CARRAHER, 1988, p. 15.

Quadro 4 – Caracterização dos participantes da pesquisa[82]

GRUPO 1 – ADULTOS NA 4.ª FASE ORIUNDOS DA EJA			
NOME	IDADE	PROFISSÃO	DISCIPLINA PREFERIDA
Del	19 anos	Empregada Doméstica	Ciências
Cleandro	30 anos	Operador de câmera fria	Português
Roni	27 anos	Vendedor	Ciências
Dênis	32 anos	Marceneiro	Matemática
Potira	22 anos	Merendeira	História
Vanúsia	21 anos	Empregada Doméstica	Ciências
Alberto	27 anos	Agricultor	Matemática
Eridian	19 anos	Estudante	Matemática
GRUPO 2 ADULTOS NO 8.º ANO DO ENSINO FUNDAMENTAL			
NOME	IDADE	PROFISSÃO	DISCIPLINA PREFERIDA
Sebastião	23 anos	Entregador (supermercado)	Ciências
Clarice	22 anos	Empregada Doméstica	Matemática
Cristóvão	20 anos	Marceneiro	Inglês
João	19 anos	Agricultor	Ciências
Romário	19 anos	Servente de Pedreiro	Ciências
Charles	20 anos	Ajudante de Padeiro	Ciências
Regivaldo	19 anos	Estudante	História
Jaqueline	20 anos	Empregada Doméstica	Matemática
GRUPO 3 ADOLESCENTES NA 4.ª FASE ORIUNDOS DA EJA			
NOME	IDADE	PROFISSÃO	DISCIPLINA PREFERIDA
Graziela	15 anos	Estudante	Matemática

---

[82] Os nomes atribuídos aos estudantes são fictícios

Vanessa	16 anos	Empregada Doméstica	Matemática
Jonatan	16 anos	Ajudante de Mecânico	Matemática
Mailson	15 anos	Agricultor	História
Jerônimo	15 anos	Estudante	História
Henrique	16 anos	Estudante	Inglês
Tiago	16 anos	Ajudante de Loja	Matemática
Jadnaelson	17 anos	Estudante	Geografia

GRUPO 4 ADOLESCENTES NO 8.º ANO DO ENSINO FUNDAMENTAL

NOME	IDADE	PROFISSÃO	DISCIPLINA PREFERIDA
Doda	13 anos	Estudante	Português
Dorinha	12 anos	Estudante	Português
Bianca	13 anos	Ajudante de Papelaria	Matemática
Juliana	12 anos	Estudante	Inglês
Vítor	13 anos	Estudante	Português
Leonardo	12 anos	Estudante	Ciências
Damiana	13 anos	Estudante	Artes
Thomaz	12 anos	Estudante	Matemática

Iniciamos a partir de agora a apresentação e a discussão sobre os resultados obtidos após a realização das entrevistas clínicas com os 32 estudantes, como descrito anteriormente.

O nosso percurso de análise começa com um olhar quantitativo, identificando a frequência de acertos e erros das respostas apresentadas sobre o desempenho dos estudantes da EJA e do Ensino Fundamental Regular, para, então, fazer uma classificação em função das questões que não apresentaram dificuldades e aquelas mais difíceis, em cada grupo, observando as questões nas quais os estudantes alcançaram maior e menor número de acertos.

Faremos uma análise das respostas às questões que apresentaram mais dificuldades, indicando as possíveis razões que as justificam, e nos casos onde ocorram distanciamentos significativos entre os grupos, seja no número de acertos ou erros, seja nas formas de resolução, procuraremos identificar as possíveis razões para tais distanciamentos. Além do mais, trazemos as principais dificuldades evidenciadas pelos estudantes no decorrer das entrevistas.

Em suma, a nossa proposta é conhecer o que pode dificultar ou facilitar a aprendizagem do conceito de números relativos, a partir dos protocolos e dizeres apresentados pelos adolescentes, jovens e adultos. Para tal, faz-se necessário relacionarmos as respostas dos estudantes em cada item com a discussão teórica apresentada na primeira parte deste trabalho, especialmente na parte que diz respeito às dimensões constituintes de um conceito como apontado por Gérard Vergnaud, na Teoria dos Campos Conceituais, que serviu de base para a elaboração das questões propostas na entrevista e que conduzirá a análise das mesmas.

Para cada questão, com vistas ao melhor entendimento das respostas dadas pelos participantes e o que elas nos dizem, apresentamos, nessa ordem, *análises dos acertos e erros apresentados*, *indicação das estratégias utilizadas pelos estudantes* e *análises das estratégias referentes aos itens com maior índice de erros e acertos.*

As análises tomam por base o referencial teórico, apresentado anteriormente.

3.1 Análise das respostas à Questão 1

O objetivo dessa questão foi observar o desempenho dos estudantes em diferentes situações de cálculo numérico sobre o produto de dois números inteiros apresentados com diferentes especificidades. Ao elaborarmos cada item, levamos em consideração aspectos como: *a presença ou não de sinais, a grandeza dos números e o uso de parênteses na apresentação de um ou dos dois fatores.*

3.1.1 Acertos e erros apresentados

O Quadro 5 expõe a frequência de acertos dos estudantes de cada um dos quatro grupos frente à primeira Questão.

Quadro 5 – Frequência de acertos na Questão 1

FREQUÊNCIA DE ACERTOS POR QUESTÃO E GRUPO					
NATUREZA DOS GRUPOS	Adultos na EJA	Adolescentes na EJA	Adolescentes no Ens. Fund.	Adultos no Ens. Fund.	TOTAL
QTDE. DE PARTICIPANTES QUESTÃO	8	8	8	8	32
Resolva as multiplicações a) 4.11	8	7	7	7	29
b) 5.(4)	5	5	5	4	19
c) (36).(12)	2	2	3	1	8
d) (15).13	4	3	2	2	11
e) (+ 48).(+ 8)	4	3	2	0	9
f) (18).(+ 3)	5	2	4	2	13
g) (+ 11).(+ 4)	4	3	6	5	18
6 ou mais acertos (≥75%)	4 ou 5 acertos (> 50% e < 75%)		Menos de 4 acertos (< 50%)		

Como se vê, o item **a** não apresentou dificuldades por parte dos estudantes. A facilidade para resolver a operação indicada nesse item pode ser justificada pelo fato de que ela é análoga à multiplicação de números naturais, além de envolver números de pequena grandeza, o que permite uso do cálculo mental, estratégia adotada por 29 dos 32 estudantes na resolução da referida questão.

Três estudantes erraram o item **a**. Esses estudantes utilizaram-se de estratégias matematicamente válidas (*adição de parcelas iguais, representações por meio de bolinhas e algoritmo da multiplicação*), mas, algumas dificuldades ou equívocos no lidar com essas estratégias impediram que os participantes lograssem êxito na resolução da mesma.

O item **g**, apesar de tratar-se de uma multiplicação com os mesmos números do item **a**, foi acertado por apenas 56% dos estudantes, enquanto no item **a** o índice de acertos foi superior a 90%.

Os motivos que levaram estudantes a acertarem o item **a** e errarem o item **g** podem estar relacionados com a presença dos sinais e dos parênteses nos fatores, ou seja, mudar a forma de representação, nesses dois casos, tornou-se suficiente para convencer os participantes a disporem de novas operações mentais. Assim, parece-nos que a variação na forma de representação destes itens foi um obstáculo à sua resolução.

Ao resolverem o item **g**, dois estudantes, Cleandro e Vanessa, acertaram o módulo do produto esperado, mas erraram o sinal. Já 6 dos estudantes efetuaram a adição entre 11 e 4. Isso significa que o sinal de mais (+) foi compreendido não como sinal de número, mas, sim, como sinal de operação. O invariante operatório aplicado por esses estudantes é diferente do conclamado pelos participantes que obtiveram sucesso nesse produto, ou seja, a forma de representação e a presença do sinal de número influenciaram a compreensão dos estudantes.

Clarice e outros cinco participantes, que acertaram o produto entre 4 e 11 erraram no cálculo do produto entre (+ 11) e (+ 4). Ao menos para esses, podemos dizer que o sinal de número é entendido como sinal de operação. A Figura 3 compara a resolução de Clarice nos itens que ora discutimos.

Figura 3 – Resolução dos itens *a* e *g* por Clarice, 22 anos, 8.º ano do EF

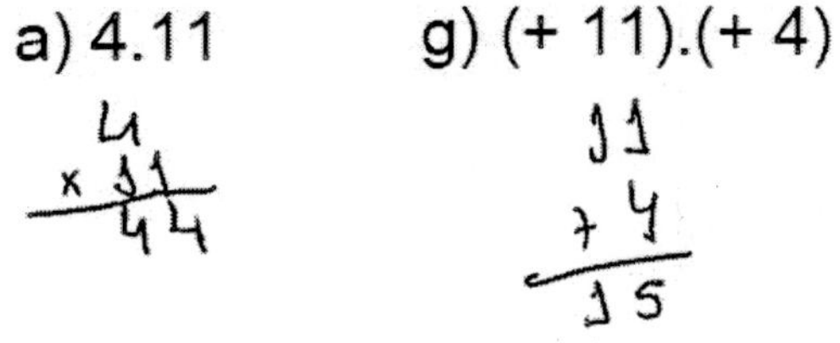

a) 4.11

g) (+ 11).(+ 4)

Clarice, quando em situação, permite-nos identificar nos registros que realiza que o seu entendimento no processo de conceitualização da multiplicação de dois números inteiros positivos apresenta obstáculos, que parecem nascer da dificuldade de compreensão do significado subjacente ao conjunto dos números inteiros. A sua forma de agir no item **g** aponta evidências de que, em multiplicações onde os fatores são dois números inteiros positivos acompanhados do sinal de número, no caso, o sinal de mais (+), ela atua aplicando a seguinte regra: *"nas multiplicações de dois números inteiros acompanhados de sinais de mais, deve-se somar esses dois números"*. Essa regra é uma elaboração nossa do que a estudante diz ser necessário para resolver o item **g**. Essa é a síntese do teorema que a estudante aplica e que será utilizado por outros em situações semelhantes.

A partir do momento em que Clarice aplica essa regra de ação em outras situações, com as mesmas características desta, começamos a perceber o delineamento de um teorema-em-ação, como propõe Vergnaud[83]. Esse possível teorema-em-ação empregado por Clarice no item **g** é o mesmo aplicado pelos outros cinco estudantes.

Dentre a tríade que para Vergnaud um conceito se constitui, isto é, por meio de um *conjunto de situações, de invariantes operatórios e de formas de representação*, o teorema-em-ação assim como o conceito-em-ação funcionam como unidades dos invariantes operatórios. Daí, podemos entender o quanto a forma de representação dos itens **a** e **g** convidam os participantes a

---

[83]   Ver VERGNAUD, 1996.

abandonarem a forma de resolução do item **a** e a elaborarem um novo teorema a partir das características do item **g**.

Os itens **b** e **d**, que são **5**. (**4**) e (**-15**). **13**, respectivamente, aproximam-se no fato de que cada um tinha como fator um número negativo apresentado entre parênteses e distanciam-se na grandeza dos números, por isso é que estamos analisando estes itens conjuntamente. O item **b** oferecia melhores condições de resolução por meio de cálculo mental se comparado com o item **d**, dado que os fatores são mais familiares e menores que os do item **d**.

O índice de acertos de cada item (cerca de 60% no **b** e de 35% no **d**) aponta que a compreensão do produto (**-15**). **13** foi mais difícil do que a do produto **5** . (**4**). Esse fosso entre os índices de acertos nos dois itens parece ser consequência imediata da ordem de grandeza dos números, o que facilita o cálculo mental, diferentemente do que ocorre com o item **d** (facilita o erro numérico).

Os erros mais comuns nesses dois itens foram provocados pela dificuldade de compreensão dos diferentes significados do sinal de menos, que também foi uma resistência apresentada pelos participantes de estudos anteriores realizados tanto no Brasil quando em outros países, como os de Borba[84] e Nascimento[85].

Os itens **c**, **e** e **f** visavam identificar a competência dos estudantes ao resolverem multiplicações com números inteiros, cujos fatores aparecem entre parênteses e sempre acompanhados de um sinal de número. Além do mais, as multiplicações dos itens **e** e **f** aproximavam-se na ordem de grandeza dos fatores. Outra característica desses produtos é que, nos dois primeiros, os fatores possuem mesmo sinal (ora +, ora -), diferentemente do que ocorre com o último produto (item **f**). Este resultado indica que, em produtos onde os sinais dos números são iguais, os estudantes acertam mais do que naqueles que possuem fatores com sinais diferentes.

O Quadro 5 mostra que desses três itens o mais acertado pelos estudantes foi o item **f** com quase 41% de êxito. Os itens **c**

---

[84] Ver BORBA, 1993; 2009.
[85] Ver NASCIMENTO, 2002.

e e apresentaram índices de acertos bem próximos: no item **c** o percentual de acertos foi 25% e no **e** cerca de 28%. Essa tímida diferença dá-se em função desses produtos apresentarem fatores com diferentes grandezas e, também, porque o produto de quantidades negativas (item **c**) tornou-se mais difícil do que o de quantidades positivas (item **e**).

Analisando o desempenho dos participantes de cada um dos quatro grupos, percebemos que os estudantes da EJA alcançaram melhores índices de desempenho, mesmo que com uma pequena diferença. Tal distanciamento, entre os estudantes da EJA e os do Ensino regular, pode ser justificado pela razão de que a maior parte destes participantes exercem, constantemente, atividades que podem favorecer uma relação entre as situações escolares e aquelas do seu cotidiano.

3.1.2 Estratégias utilizadas para a resolução da Questão 1

Inicialmente, nomeamos e caracterizamos cada uma das estratégias identificadas nas seis questões deste estudo. Esta escolha tem a pretensão de evitar repetições na nomeação e caracterização das estratégias citadas ao longo desse texto, já que, na maioria das vezes, as estratégias utilizadas em cada questão se aproximam. Dessa forma, os exemplos que citamos a seguir envolvem não apenas a primeira questão.

Nas resoluções dos estudantes, nas seis questões desta pesquisa, identificamos as seguintes estratégias: *cálculo mental, algoritmo da adição, algoritmo da subtração, algoritmo da multiplicação, algoritmo da divisão, adição de parcelas iguais, representações utilizando bolinhas ou tracinhos* e *tabuada da multiplicação*.

Chamamos de *cálculo mental* às situações nas quais os estudantes não realizavam nenhum algoritmo ou outra forma de registro escrito para obtenção da resposta solicitada, podendo essa ser dada de imediato ou depois de um tempo significativo.

Denominamos de *algoritmo da adição* às vezes nas quais os estudantes respondiam aos itens propostos após aplicarem um processo de cálculo característico da adição, como o da Figura 4.

Figura 4 – Resolução da Questão 1e por Dorinha, 12 anos, 8.º ano do EF

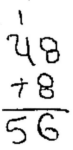

À semelhança do que caracterizamos como algoritmo da adição, qualificamos como algoritmo da subtração as respostas nas quais a principal estratégia aplicada foi o uso do algoritmo dessa operação. Como exemplo, citamos a Figura 5.

Figura 5 – Resolução da Questão 2c por Eridian, 19 anos, 4.ª fase da EJA

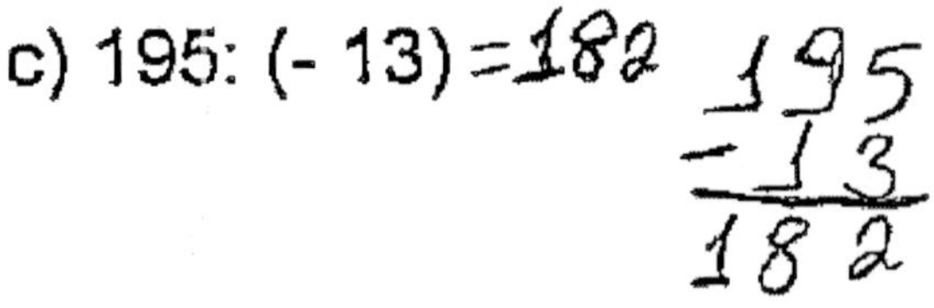

c) 195: (– 13) = 182

$$\begin{array}{r} 195 \\ -\ 13 \\ \hline 182 \end{array}$$

O algoritmo da multiplicação foi a nomenclatura utilizada quando os participantes resolviam a situação, desenvolvendo procedimentos característicos da multiplicação, como é o caso exibido na Figura 6.

Figura 6 – Resolução da Questão 4 por Sebastião, 23 anos, 8.º ano do EF

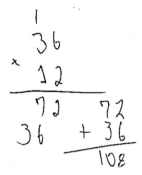

Chamamos de algoritmo da divisão às formas de resolução resultantes da aplicação do algoritmo dessa operação.

Figura 7 – Resolução da Questão 3a por João, 19 anos, 8.º ano do EF

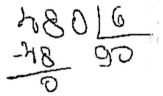

A estratégia que nomeamos como adição de parcelas iguais tem sua origem nas situações que se assemelham à ação de Henrique (Figura 8).

Figura 8 – Resolução da Questão 4 por Henrique, 16 anos, 4.ª fase da EJA

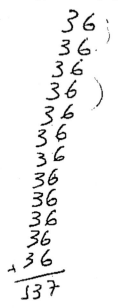

A ação que chamamos de representações com bolinhas ou tracinhos (icônica) refere-se a formas de resolução onde o estudante registra uma bolinha ou tracinho para cada unidade do dividendo em uma região e em outra faz o mesmo para o divisor.

Figura 9 – Resolução da Questão 2a por Jaqueline, 20 anos, 8.º ano do EF

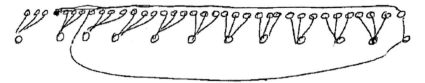

Tabuada foi o nome dado para os casos onde os estudantes resolviam as atividades propostas escrevendo a tabuada relativa ao tipo de operação que precisava resolver. Um exemplo dessa forma de agir é o que podemos observar na Figura 10.

Figura 10 – Resolução da Questão 2a por Bianca, 12 anos, 8.º ano do EF

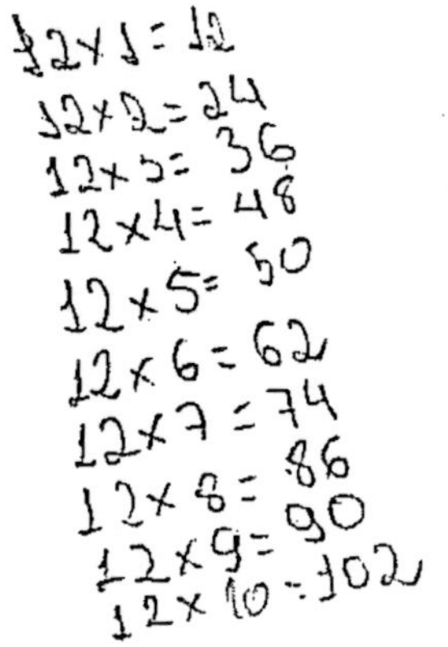

A Tabela 1, a seguir, mostra as estratégias utilizadas pelos participantes de cada grupo nos itens **a** e **g** da Questão 1, que ora discutimos.

Tabela 1 – Estratégias utilizadas pelos estudantes nos itens a e g da Questão 1.

Item	Estratégia	Quantidade de estudantes por grupo				TOTAL
		Adulto EJA	Adulto EF	Adoles-cente EJA	Adoles-cente EF	
a) 4.11	cálculo mental	6	6	4	3	19
	alg. multiplicação	1	1	3	4	9
	adição de parcelas iguais	0	1	0	0	1
	representações	1	0	1	0	2
	tabuada	0	0	0	1	1
g) (+11).(+4)	cálculo mental	7	6	7	2	22
	alg. multiplicação	1	1	1	4	7

adição de parcelas iguais	0	1	0	0	1
alg. adição	0	0	0	1	1
tabuada	0	0	0	1	1

Optamos por apresentar esses dois itens numa mesma tabela, principalmente porque eles possuem os mesmos fatores, mas distanciam-se na sua forma de representação.

Nesses itens, a estratégia mais utilizada, como já prevíamos, numa análise *a priori* das questões, foi o cálculo mental. A justificativa para isso deve ser o fato de que, nesses produtos, os números têm uma grandeza razoavelmente pequena, o que favorece a utilização dessa estratégia. Além do mais, o item **a** aparece desacompanhado de sinais e parênteses o que estimula ainda mais a utilização do cálculo mental. No item **g,** a estratégia cálculo mental foi timidamente mais utilizada que no item **a**, certamente devido às formas de representação desses dois itens.

Nos dois grupos nos quais os participantes são adultos, o cálculo mental foi mais utilizado que nos grupos onde os participantes são adolescentes; do mesmo modo, o emprego de outras formas de resolução, diferentes das que recorrem aos algoritmos das operações fundamentais da aritmética, como, por exemplo, o uso de representações com tracinhos ou bolinhas, só foi aplicado por estudantes da EJA.

A Figura 11 exibe a forma como Del resolve o item **a**.

Figura 11 – Resolução do item a por Del, 19 anos, 4.ª fase da EJA

O estudante, quando lança mão de estratégias de resolução como essa, busca atribuir sentido à sua forma de agir numa atividade puramente escolar.

Ao lançarmos um olhar para as estratégias e percentuais de desempenho apresentados pelos estudantes nos itens **a** e **g**, percebemos que, apesar de adultos e adolescentes utilizarem com maior frequência estratégias diferentes, o índice de acertos nos dois grupos apresentou algumas aproximações, sendo que o item **g** foi ligeiramente mais acertado pelos adolescentes que pelos adultos.

A Figura 12 apresenta a forma utilizada por Graziela para resolver o item **a**.

Figura 12 – Resolução da Questão 1a por Graziela, 15 anos, 4.ª fase da EJA

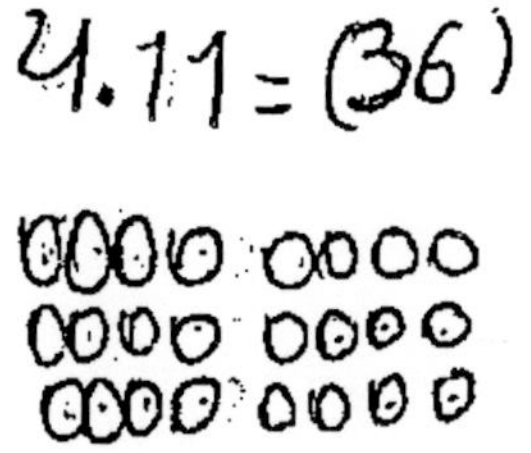

$$4.11 = (36)$$

Quadro 6 – Transcrição de trecho da entrevista de Graziela

P: Por que 36?
E: Eu fiz 4 bolinhas 6 vezes, mais como é onze, aí é quase o dobro, aí aumentei doze.
P: E o sinal é positivo ou negativo?
E: É de mais.
P: Por quê?
E: Porque tá sem sinal, aí é de mais.

A ação de Graziela sobre o produto entre 4 e 11 deixa claro o que pensa a estudante sobre o significado da multiplicação entre esses números, mesmo que a sua ação não alcance a resposta correta.

Da mesma forma que nos itens **a** e **g**, o cálculo mental também foi a estratégia mais utilizada pelos estudantes ao responderem o item **b**, mas, já no item **d,** os fatos da multiplicação assumiram a liderança como mostra a Tabela 2.

Tabela 2 – Estratégias utilizadas pelos estudantes nos itens b e d da Questão 1

Item	Estratégia	Quantidade de estudantes por grupo				TOTAL
		Adulto EJA	Adulto EF	Adolescente EJA	Adolescente EF	
b) 5.(4)	cálculo mental	7	7	4	3	21
	alg. multiplicação	0	1	3	4	8
	representações	1	0	1	0	2
	tabuada	0	0	0	1	1
d) (-15).13	cálculo mental	2	3	2	0	7
	alg. multiplicação	5	5	6	8	24
	alg. adição	1	0	0	0	1

Como indica a Tabela 2, além do algoritmo da multiplicação e do cálculo mental, os estudantes também empregaram as estratégias de representações com bolinhas e tracinhos e tabuada.

Comparando as formas de resolução mobilizadas por cada um dos grupos, notamos que o cálculo mental foi ligeiramente mais utilizado pelos adultos, do mesmo modo que o algoritmo da multiplicação foi mais aplicado pelos adolescentes.

Nesses dois itens, os adultos acertaram mais do que os adolescentes, o que não significa necessariamente que o uso do cálculo mental conduz a uma resposta correta, embora, na maioria das vezes, isso tenha ocorrido nesse estudo.

Além das estratégias já listadas, pontuamos que cinco estudantes usaram num mesmo item (item **b**) mais de uma das estratégias mencionadas, como é o caso de Potira e Mailson.

A Figura 13 apresenta a ação de Potira, 22 anos, estudante da 4.ª fase da EJA ao calcular o produto 5. (4).

Figura 13 – Resolução do item b por Potira

A estudante aplica simultaneamente duas das estratégias que mencionamos na Tabela 2. Mas, formas de resolução dessa natureza, categorizamos como algoritmo da multiplicação, por ser essa a primeira operação aritmética realizada, mesmo que tenha ficado evidente que, no seu entendimento, situações como essa requerem o emprego de duas operações.

O teorema-em-ação que Potira emprega para resolver o item **b** pode ser elaborado a partir da justificativa que ela apresenta para a sua ação, como apresenta o Quadro 7.

Quadro 7 – Transcrição de trecho da entrevista de Potira

P: Por que 16?
E: 5 vezes 4 dá 20, 20 tirando 4 dá 16.
P: Por que ficou negativo?
E: Só tem o sinal de menos aí fica menos.

A atuação de Potira frente ao produto 5 . (4) nos diz que ela sabe resolver multiplicações com números naturais, ao menos as que envolvem multiplicações de unidades, mas diz também que o sinal é compreendido como indicador de uma operação e não como uma propriedade do número, o que já foi identificado em outras situações.

A compreensão do significado do sinal de número, como sinal de operação, também foi uma dificuldade apresentada por outros participantes, como, por exemplo, o adolescente Mailson de 15 anos, estudante da 4.ª fase da EJA, apresenta quando resolve o mesmo item.

Figura 14 – Resolução do item b por Mailson

b) 5 . (-4)

$$5 . 4 = 20 \qquad 20 - 5 = \boxed{15}$$

O entendimento de que a situação precisava ser resolvida por meio de uma multiplicação não ofereceu qualquer resistência para Mailson, mas a função do sinal negativo nesse produto exige para ele uma segunda operação, no caso uma subtração, onde o produto passa a ser o minuendo e o maior fator o subtraendo. O entendimento de Mailson, em situações dessa natureza, pode ser compreendido pela leitura do quadro seguinte:

Quadro 8 – Transcrição de trecho da entrevista de Mailson

P: Por favor, explique como você fez
E: Cinco vezes quatro vinte, vinte menos cinco quinze
P: Por que você fez 20 menos 5?
E: Porque mais com menos num dá menos
P: Por que você tirou 5 e não 4?
E: Porque o cinco é maior
P: E qual o sinal do 15?
E: É positivo, porque o cinco tá fora do parêntese é como se fosse mais, aí ele é maior

Embora a princípio a ação de Mailson possa parecer ilógica, a ponto de que, se estivéssemos numa situação de sala de aula, com todas as demandas que este espaço apresenta, certamente o professor consideraria a resolução de Mailson como errada, o que de fato é, sem ao menos notar que o seu erro é resultado de aprendizagens mal adaptadas, ou seja, é um conjunto de conhecimentos matemáticos corretos aplicados num campo onde eles se tornam inválidos.

Os sinais de mais (+) e de menos (-) têm para muitos estudantes apenas a função de sinais de operação, ou seja, o sinal de mais sempre indica uma adição da mesma forma que o sinal de menos sempre indica uma subtração. Estes sinais prevalecem, até mesmo entre alguns estudantes que conhecem e fazem apelo à *regra dos sinais*, para quem o resultado da aplicação destas regras é que indica a operação a ser realizada.

Antes de o participante iniciar a resolução de cada questão, que lhes eram apresentadas em folhas separadas, o pesquisador fazia a leitura do enunciado da mesma, ou seja, o estudante começava ciente de que todos os itens da questão em pauta tratavam da multiplicação de números inteiros. Essa informação dada *a priori*, logo perdia o sentido, frente à função primeira que os sinais mais e menos possuem para alguns dos estudantes; a exemplo, citamos a Figura 15.

Figura 15 – Resolução do item b por Del, 19 anos, 4.ª fase da EJA

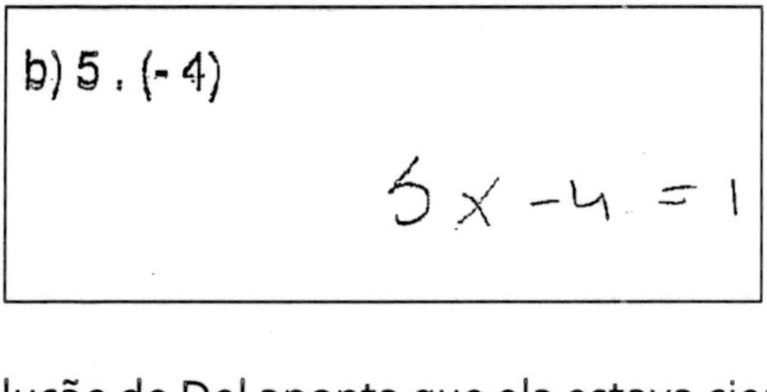

b) 5 . (- 4)

$$5 \times -4 = 1$$

A resolução de Del aponta que ela estava ciente de que a atividade solicitada referia-se à multiplicação, mas a importância que ela dá ao sinal de menos, que no caso é sinal de número, supera essa consciência, e ela termina realizando uma subtração. O significado que ela atribui ao sinal de multiplicação pode ser compreendido com a leitura do Quadro 9, que traz um recorte da entrevista realizada com Del.

Quadro 9 – Transcrição de trecho da entrevista de Del

P: Por que 1?
E: Cinco menos quatro é um.
P: Mas aqui temos uma multiplicação, você entendeu?
E: É mas tem cinco menos quatro também, aí faz primeiro a subtração.
P: E o sinal de multiplicação, pra que serve?
E: Pra saber que tem que fazer o jogo de sinal.
P: Você fez o jogo de sinal aqui?
E: Não precisa, porque o 5 é o maior, aí fica o sinal dele mesmo.

A leitura mais importante desse quadro, é a finalidade dada por Del para o sinal de multiplicação, dizendo-nos que o sentido que ela atribui aos "números com sinais" passa longe do conceito de números inteiros que conhecemos, ao mesmo tempo que parece indicar uma tentativa exacerbada de aplicar regras que comumente são ensinadas na escola, o que se percebe principalmente quando a estudante diz que o sinal da multiplicação serve para indicar que ela precisa realizar o que chama de "jogo de sinais".

De modos diferentes, os três estudantes trazem à tona que entenderam os itens **b** e **d** como multiplicação, mas os esquemas que eles aplicam, na resolução dos mesmos, deixam claro que eles não compreendem a função do sinal, enquanto característica do número e não indicativo de operação.

A objeção impressa pelas ações desses estudantes no que se refere a atribuir mais de um significado aos sinais de números se aproxima das resistências identificadas em outros estudos[86]. Ainda, avizinham-se de conflitos apresentados por matemáticos como Euler e D'Alambert na aceitação dos números inteiros, que chegaram a considerar esses números como absurdos ou infernais.

Estudo anterior realizado por Landim e Maia[87] reforça a dificuldade de compreensão dos estudantes no que se refere aos diferentes significados do sinal de "-", como pode ser verificado na Figura 16.

Figura 16 – Resolução de um estudante de 46 anos matriculado na 3.ª fase da EJA

05. Resolva as multiplicações abaixo:

a) 4 . 11	*44*
b) 5 . (- 4)	*-16*
c) (- 15) . 6	*-75*
d) (+ 5) . (+ 7)	*+ 47*
e) (- 8). (+ 5)	*+ 32*
f) (- 11). (- 7)	*+ 69*
g) (+ 6) . (- 7)	*- 34*
h) (- 12) . (- 4)	*+ 32*

Os erros do estudante, neste caso, não são resultados de ignorância, mas, sim, de um conhecimento mal adaptado como defende Bachelard[88] na teoria dos obstáculos epistemológicos. Quando questionado, o estudante deixa claro os invariantes operatórios que mobiliza, para justificar a sua ação.

---

[86] Ver BORBA, 1993; NASCIMENTO, 2002; BORBA, 2009.

[87] Ver LANDIM; MAIA, 2011.

[88] Ver BACHELARD, 1938.

Quadro 10 – Trecho da entrevista realizada com o estudante

P: Por que 5.(-4) é igual a – 16?
E: 5.4 é 20, 20 tirando 4 é 16.
P: Por que você escreveu – 16 como resposta, o que justifica o sinal de menos?
F: Mais vezes menos é menos.

Da mesma forma, ele tende a manter a mesma estratégia, inclusive nas operações que envolvem dois números inteiros positivos acompanhados do sinal de "+", o que indica que ele ainda não concebe os diferentes significados do sinal de "-".

A principal especificidade dos itens **b** e **d** é a grandeza dos fatores. Por isso, acreditava-se que o item **b** tinha mais possibilidades de ser acertado pelo cálculo mental do que o item **d**. Os resultados comprovam a nossa hipótese inicial, principalmente porque todos os estudantes que acertaram o item **d** utilizaram o algoritmo da multiplicação. Mas, nem todos os que recorreram a essa estratégia obtiveram êxito.

Vamos discutir agora o desempenho dos participantes nos itens **c**, **e** e **f**, que são, nesta ordem: **(36).(12)**, **(+ 48).(+ 8)** e **(18).(+ 3)**.

A Tabela 3, a seguir, apresenta as estratégias mobilizadas pelos estudantes de cada grupo ao resolverem os itens **c**, **e** e **f**. A nossa escolha por relacionar numa mesma tabela esses três itens deu-se em função das aproximações e distanciamentos que esses itens apresentam, como o fato de todos os fatores serem apresentados em parênteses e a de estarem sempre acompanhados de algum sinal. Porém, diferencia-se na grandeza dos números, na natureza dos sinais que são, nessa ordem, dois sinais negativos, dois sinais positivos e um sinal negativo e outro positivo.

Tabela 3 – Estratégias utilizadas pelos estudantes nas questões 1c, 1e e 1f

Item	Estratégia	Quantidade de estudantes por grupo				TOTAL
		Adulto EJA	Adulto EF	Adolescente EJA	Adolescente EF	
c) (-36).(-12)	cálculo mental	3	3	2	7	16
	alg. multiplicação	4	5	6	0	15
	alg. adição	1	0	0	0	1
	alg. da subtração	0	0	0	1	1
e) (+48).(+8)	cálculo mental	3	3	1	0	7
	alg. multiplicação	5	5	6	6	22
	alg. adição	0	0	1	1	2
	adição de parcelas iguais	0	0	0	1	1
f) (-18).(+3)	cálculo mental	5	4	2	0	11
	alg. multiplicação	2	3	6	6	17
	alg. subtração	1	1	0	0	2
	alg. da adição	0	0	0	1	1
	tabuada	0	0	0	1	1

Uma análise dos dados apresentados nessa tabela nos traz algumas surpresas no sentido de se opor àquilo que esperávamos numa análise prévia que fizemos das questões. O nosso estudo preliminar indicava que o cálculo mental seria mais utilizado no item **f** do que nos demais itens (**c** e **e**), devido à grandeza dos fatores em questão. Mas, contrariamente ao que esperávamos, foi no produto **(-36).(-12)** que o cálculo mental foi mais utilizado. Isso pode ter ocorrido pelo fato de que os estudantes tenham mais familiaridade com os cálculos mentais nos quais um dos fatores são dezenas ou valores ligeiramente maiores que elas. Ao lançarmos um olhar simultâneo sobre os três itens, percebemos que o algoritmo da multiplicação é a estratégia mais utilizada, chegando a alcançar quase 57% do total de estudantes nos itens em questão e aproximadamente 69% no item c. Em segundo lugar, vem o cálculo mental, que foi a estratégia recorrida por quase 35% dos estudantes em pauta.

Além das estratégias *algoritmo da multiplicação* e *cálculo mental* ainda foram utilizadas as estratégias *algoritmo da adição*, *algoritmo da subtração, adição de parcelas iguais* e *tabuada*. Essas ferramentas, de que alguns estudantes se dispuseram para resolver os itens, evidenciam, assim como a estratégia *algoritmo da multiplicação*, grande ligação com mecanismos e procedimentos que os professores e professoras usam com bastante frequência na escola, mas que aplicados em situações que vão além do seu campo de validade, muitas vezes, são provocadoras de erros, como foi discutido por Bachelard e Brousseau na Teoria dos Obstáculos Epistemológicos.

A Figura 17 mostra que a compreensão de Dorinha, 12 anos, estudante do 8.º ano do Ensino Fundamental aproxima-se daquela evidenciada por Jonatan (Figura 18), sobre a aplicação de um conhecimento adequado a um campo numérico, mas impróprio em algumas situações de outro campo numérico, como a ideia de que o sinal de menos apenas indica uma subtração, que é o que se nota na Figura 17.

Figura 17 – Resolução do item c por Dorinha

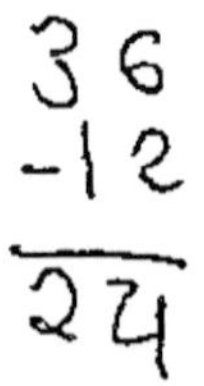

$$\begin{array}{r} 36 \\ -12 \\ \hline 24 \end{array}$$

O que leva Dorinha a utilizar o algoritmo da subtração numa situação de multiplicação não é a sua falta de habilidade nessa operação, mas o fato de prevalecer a ideia do sinal como indicativo de operação.

A Figura 18, a seguir, mostra a resolução de Jonatan, 16 anos, estudante da 4.ª fase da EJA e nos serve como exemplo para a extrapolação da ideia constituída nos anos (ou fases, no caso da EJA) iniciais do Ensino Fundamental de que o sinal de mais tem a função de indicar uma adição, ficando o sinal indicativo da operação, que, neste caso, é o da multiplicação e o papel do sinal de mais que, no item, exerce o papel de sinal de número, e não de operação, como foi interpretado pelo adolescente.

Figura 18 – Resolução do item e por Jonatan

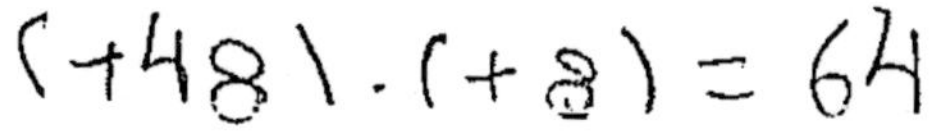

$$(+48) \cdot (+8) = 64$$

A Figura 19 traz a resolução de Thomaz, 12 anos, estudante do 8.º ano do Ensino Fundamental.

Figura 19 – Resolução do item e por Thomaz

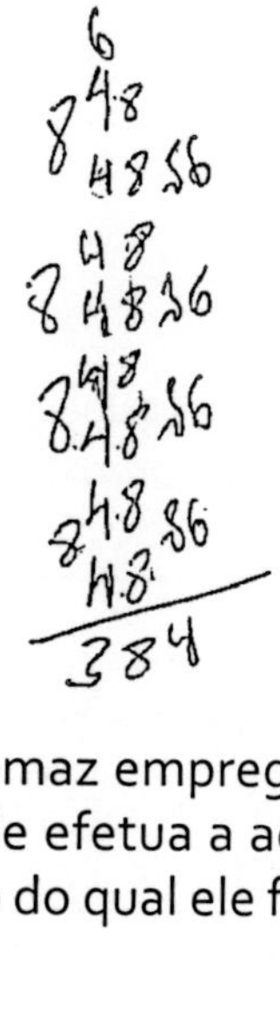

O recurso que Thomaz emprega é a adição de parcelas iguais. O modo como ele efetua a adição não é tão comum, principalmente no grupo do qual ele faz parte.

A Figura 20 mostra a resolução dada por Alberto, 27 anos, estudante da 4.ª fase da EJA.

Figura 20 – Resolução do item f por Alberto

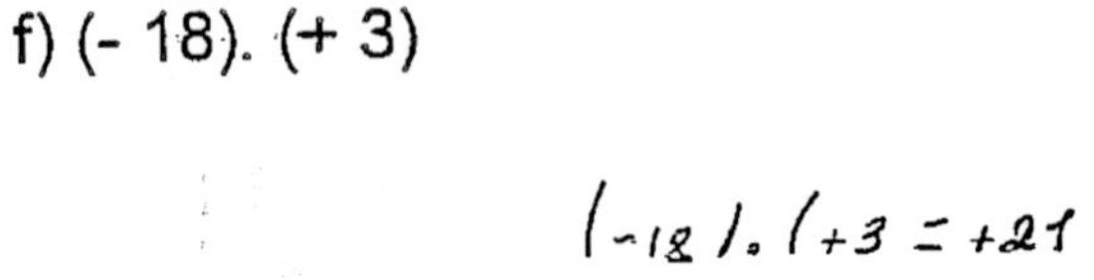

f) (– 18). (+ 3)

$$(-18). (+3 = +21$$

O Quadro 11 mostra a justificativa de Alberto à sua ação nesse item.

Quadro 11 – Trecho da Entrevista de Alberto

P: Por que o resultado é + 21?
E: 18 mais 3.
P: E o sinal de mais, por quê?
E: É de mais.
P: O sinal de menos do 18 você sabe pra que serve?
E: É pra o jogo de sinal?
P: Você fez esse jogo de sinal?
E: Fiz no mais.
P: Qual mais?
E: Pra saber que é de mais, porque se fosse menos e menos era de menos.

As principais dificuldades observadas na ação desses estudantes foram: *os números possuem grandeza diferente das apresentadas nos três itens mais acertados pelos estudantes (a, b e g) e os dois fatores aparecem entre parênteses*, o que induz alguns participantes a compreenderem que a operação a ser realizada é aquela indicada pelo sinal dos números.

A Figura 21, a seguir, mostra duas resoluções de uma mesma estudante. A forma como ela compreende os itens **a** e **c** é influenciada pela presença dos sinais e parênteses.

Figura 21 – Resolução dos itens a e c por Potira, 22 anos, estudante da EJA

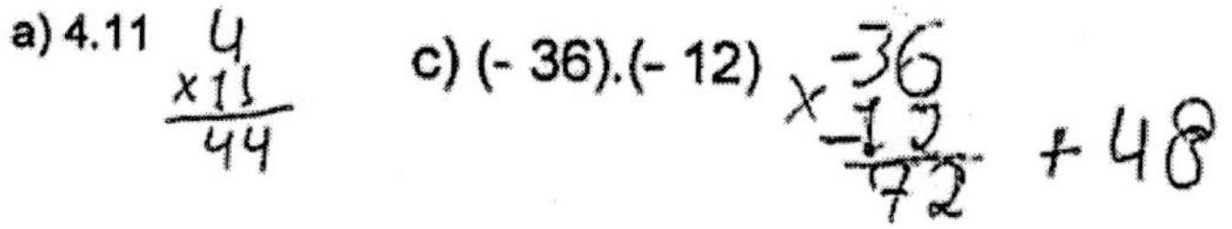

a) 4.11

$$\begin{array}{r} 4 \\ \times 11 \\ \hline 44 \end{array}$$

c) (- 36).(- 12)

$$\begin{array}{r} -36 \\ \times -12 \\ \hline -72 \end{array} + 48$$

O item **a** foi facilmente compreendido pela estudante. Já os itens onde os dois fatores apareciam entre parênteses, portanto acompanhados de algum sinal, eram assimilados por ela como situações envolvendo mais de uma operação (como indica o Quadro 12); por isso, ela apresenta duas respostas para uma mesma operação.

Quadro 12 – Transcrição de trecho da entrevista de Potira

P: Por que você fez duas operações uma multiplicação e uma soma.
E: Num é duas contas.
P: Duas contas, quais?
E: De vezes e de mais.
P: Por que de vezes?
E: O pontinho.

Ao observarmos as estratégias adotadas pelos estudantes que erraram o item **d**, identificamos que 3 estudantes acertaram o produto **15.13**, mas erraram o sinal de número desse item, e 8 participantes agiram na situação somando ou subtraindo os fatores, como se vê nas Figuras 22 e 23.

Figura 22 – Resolução do item d por Jonatan, 16 anos, adolescente na EJA

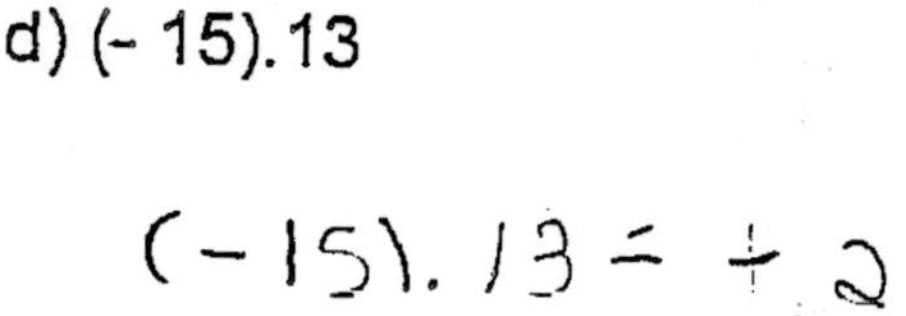

d) (– 15).13

$$(-15).13 = +2$$

De forma bem semelhante é o desenvolvimento que Clarice, 22 anos, estudante do 8.º ano do Ensino Fundamental apresenta, como indica a Figura 23.

Figura 23 – Resolução do item d por Clarice

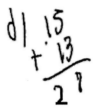

Nestes casos, a compreensão do sinal de operação se sobressai ao entendimento do sinal de número. Ainda, é possível perceber que, na multiplicação entre números inteiros, as diferentes formas de representação influenciaram significativamente no desempenho dos participantes desta pesquisa a tal ponto de exigir dos estudantes a aplicação de diferentes invariantes operatórios, que podem ser identificados a partir dos argumentos defendidos pelos mesmos quando foram convidados a justificarem suas formas de ação.

No que tange às especificidades de cada grupo, o cálculo mental foi, de forma geral, o procedimento mais utilizado pelos estudantes adultos, com exceção apenas do item **c**, onde 9 estudantes adolescentes utilizaram o cálculo mental enquanto entre os adultos essa estratégia foi utilizada por apenas 6 estudantes. Já, entre os estudantes mais novos, a estratégia mais observada foi a aplicação do algoritmo das operações, principalmente o algoritmo da multiplicação.

Em conformidade com outras análises, isso parece indicar que a forma de agir dos estudantes adultos guarda certa relação com as atividades profissionais dos participantes.

3.2 Análise das respostas à Questão 2

A questão referia-se à divisão de números inteiros. Da mesma forma que na primeira questão, os itens diferenciavam-se em aspectos como a grandeza dos números, a presença ou ausência de sinais e de parênteses.

3.2.1 Acertos e erros apresentados

O Quadro 13 mostra a frequência de acertos na Questão 2:

Quadro 13 – Frequência de acertos da Questão 2

FREQUÊNCIA DE ACERTOS POR QUESTÃO E GRUPO						
NATUREZA DOS GRUPOS		Adultos na EJA	Adolescentes na EJA	Adolescentes no Ens. Fund.	Adultos no Ens. Fund.	TOTAL
QTDE. DE PARTICIPANTES QUESTÃO		8	8	8	8	32
Resolva as divisões	a) 36 : 12	6	7	6	7	26
	b) (+ 391) : (+ 17)	3	3	4	3	10
	c) (+ 195) : (13)	4	4	3	1	12
	d) (450) : (9)	1	3	4	2	10
	e) (480) : (+ 6)	3	2	4	2	11
	f) (+ 36) : (+ 12)	5	4	5	4	18

6 ou mais acertos (≥75%)	4 ou 5 acertos (> 50% e < 75%)	Menos de 4 acertos (< 50%)

Os itens **a** e **f** apresentaram diferenças importantes nos índices de acertos. Esses se distanciavam apenas pela presença do sinal de mais e dos parênteses, o que certamente influenciou na compreensão dos estudantes desse item. Se lançarmos um olhar no índice de acertos em função do grupo ao qual o participante pertence, não percebemos grandes diferenças do ponto de vista quantitativo.

A principal justificativa para o distanciamento entre esses dois itens passa pela forma de representação dos mesmos, já que o dividendo e o divisor desses itens eram os mesmos números, porém diferenciando-se pela presença dos sinais de número e de parênteses.

Observando o desempenho dos estudantes nessas duas divisões (**a** e **f**), percebemos que 25% desses acertaram o item **a** e erraram o item **f**. No item **a,** o erro mais frequente foi ocasionado pelas dificuldades no algoritmo da divisão. Já no item **f**, dentre os 14 participantes que erraram a resposta da questão, quase 36% deles disseram que o quociente entre + 36 e + 12 era 3. Para esses estudantes o quociente entre dois números positivos é um número negativo, quando os sinais estão indicados, ou, ainda, na forma como eles dizem *"na divisão mais com mais dá menos"*.

A Figura 24 reúne a resolução dos itens **a** e **f** por João, 19 anos, estudante do 8.º ano do Ensino Fundamental.

Figura 24 – Resolução dos itens a e f por João

a) $36 : 12 = 3$ f) $(+ 36) : (+ 12) = -3$

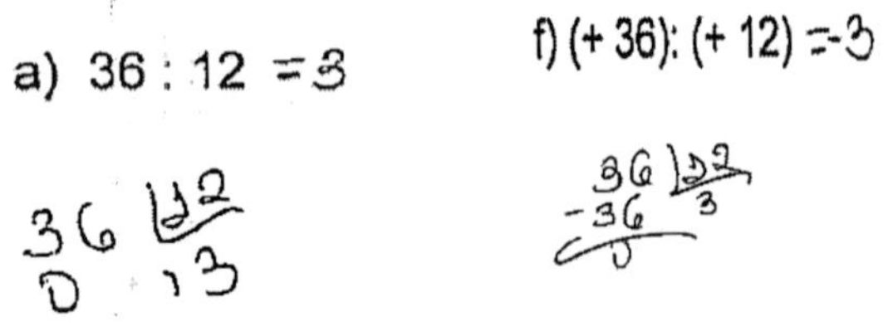

Como vemos, o estudante acerta o item **a** e erra o item **f**. O seu erro é na realização da regra dos sinais: ele aplica a regra erroneamente.

Os itens **b** e **c** tinham em comum o fato de ser uma divisão de uma centena por uma dezena em que o dividendo e o divisor foram apresentados entre parênteses. A especificidade desses itens dá-se nos sinais dos números em questão e na grandeza dos números em questão. O índice de acertos mostra que os estudantes tiveram dificuldades ao resolverem esses dois itens, uma vez que o índice de acertos foi inferior a 38%. O item **c** foi ligeiramente mais acertado que o item **b**. Essa diferença, embora pequena, pode ter sido provocada pela grandeza do dividendo do item **b**, que é maior que a do item **c**. Numa análise, *a priori*, das expectativas de acertos nesses dois itens, esperávamos que o item **b** fosse mais acertado, já que os números desse quociente possuem mesmo sinal.

No item **b**, o erro mais comum decorreu de dificuldades dos estudantes ao efetuarem o algoritmo da divisão. Em seguida, vieram os erros referentes às regras de sinais. Também, foram frequentes os erros associados à incompreensão dos diferentes significados dos sinais de mais e de menos. Como exemplo, apresentamos a Figura 25, na qual, mais uma vez, a explicitação do sinal + prende a atenção do estudante, que deixa passar despercebido o sinal indicativo da operação.

Figura 25 – Resolução do item b por Jadnaelson, 17 anos, 4.ª fase da EJA

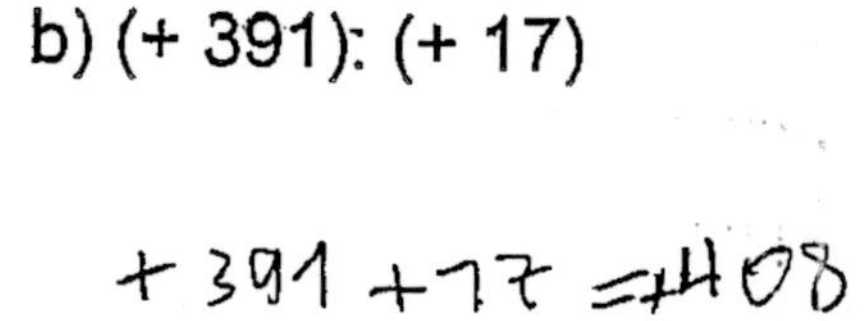

b) (+ 391): (+ 17)

$$+ 391 + 17 = 408$$

Da mesma forma que no item **b**, os erros mais comuns no item **c** foram relativos às dificuldades para efetuarem a divisão e o entendimento de que o sinal de número assume a função de sinal de operação. A resolução de Potira exemplifica as resistências citadas nesse item.

Figura 26 – Resolução do item c por Potira, 22 anos, 4.ª fase da EJA

c) 195: (- 13)

Potira, ciente de que precisava efetuar o algoritmo da divisão e diante da incompreensão do significado da indicação dos sinais para definir a característica do número, age nessa atividade como se a mesma exigisse a realização de duas operações (divisão e subtração).

Quadro 14 – Transcrição de trecho da entrevista de Potira

P: Você apresentou duas respostas, por quê?
E: É duas contas, uma de dividir e outra de menos.
P: Você pode explicar porque o resultado da divisão deu 64?
E: 1 dividido por 1 dá 0, 9 dividido por 3 dá 6, 5 dividido por 3 é 4.
P: E porque a conta de menos?
E: Num tem menos aqui também.
P: E porque o 182 ficou negativo?
E: Porque mais com menos dá menos.

O Quadro 14 indica que Potira, enquanto estudante escolarizada nas operações com números inteiros, apresenta a sua competência nas operações com os sinais mais e menos de forma isolada, o que indica certa mecanização na aplicação das chamadas regras de sinais, já que a estudante inábil no conceito e na divisão de números inteiros mostra eficiência no "jogo de sinal" da divisão de números inteiros com sinais diferentes.

Da mesma forma, os itens **d** e **e** apresentavam grandes aproximações como a natureza dos números e a presença dos parênteses. Mas, também, diferenciavam-se nos sinais, o que parece não ter apresentado grande influência se consideramos o índice de acertos desses dois itens. Porém, é importante destacar que esses dois itens foram acertados por poucos mais de 30% dos estudantes.

Nesses itens, além das aproximações na frequência de acertos, eles também apresentaram erros semelhantes em frequência e natureza com aqueles já pontuamos nas atividades **a, f, b** e **c**.

3.2.2 Estratégias utilizadas para a resolução da Questão 2

As estratégias mobilizadas na Questão 2, embora tenham características próprias, recebem a mesma nomenclatura das que apresentamos na Questão 1. Elas correspondem às mesmas ações apresentadas na questão anterior. Acrescentam-se a essas as categorias algoritmo da divisão e subtrações sucessivas, que diferentemente do que aconteceu na primeira questão, foram estratégias empregadas nessa atividade.

A Tabela 4 apresenta a frequência das estratégias utilizadas pelos estudantes nos itens **a** e **f** cujos dividendos e divisores são numericamente iguais, mas dispostos em formas de representação diferentes.

Tabela 4 – Estratégias utilizadas pelos estudantes nos itens a e f

Item	Estratégia	Quantidade de estudantes por grupo				
		Adulto EJA	Adulto EF	Adolescente EJA	Adolescente EF	TOTAL
a) 36:12	cálculo mental	5	5	7	2	19
	alg. divisão	1	1	0	5	7
	representações	2	2	0	0	4
	alg. adição	0	0	0	1	1
	não sabe	0	0	1	0	1

		5	4	7	3	19
f)(+36):(+12)	cálculo mental	5	4	7	3	19
	representações	0	1	0	0	1
	alg. divisão	0	2	0	3	5
	alg. subtração	1	0	0	1	2
	alg. adição	1	0	0	1	2
	repete resp. a	1	1	0	0	2
	não sabe	0	0	1	0	1

A síntese que a Tabela 4 apresenta indica o cálculo mental como sendo a estratégia mais utilizada pelos estudantes nos dois itens. O percentual de utilização dessa estratégia nos dois itens fica muito próximo de 60%, enquanto que o algoritmo da divisão, segunda estratégia mais utilizada, foi empregado por apenas 19% dos participantes. Esse resultado era esperado, tendo em vista a grandeza dos números que favoreceu o uso do cálculo mental.

Comparando as estratégias mobilizadas nos itens a e f da Questão 2 com os itens a e g da primeira questão, notamos que, nas quatro atividades, o cálculo mental foi mais empregado, principalmente nas questões 1a e 2a, que, como já indicamos, tinham formas de representação diferente das questões 1g e 2f; por isso é que muitos dos participantes diferenciavam os teoremas de ação que aplicavam em cada uma delas.

Para ilustrar o uso da estratégia representação com bolinhas e tracinhos, numa situação de divisão, trazemos a Figura 27 com a resolução da Questão 2a por Del, estudante de 19 anos da 4.ª fase da EJA.

Figura 27 – Resolução da Questão a por Del

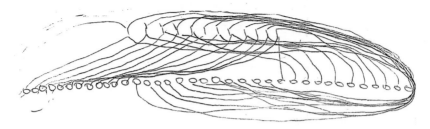

Como se vê, ela representa na parte inferior 36 bolinhas e na parte superior 12 tracinhos; em seguida, ela sai ligando uma bolinha a cada tracinho. Quando atinge todos os tracinhos, ela retorna ao primeiro tracinho e continua ligando cada bolinha a um tracinho, e repete a estratégia até esgotar todas as bolinhas. Em seguida, conclui que como cada tracinho está ligado a três bolinhas, então **36** dividido por **12** é igual a **3**. O procedimento que ela utiliza é matematicamente correto; a questão é que, para números de grandeza maior, a estratégia torna-se ainda mais exaustiva, o que favorece o erro, devido à grande quantidade de traços e ligações que seriam necessários para resolver a questão.

Quanto ao sinal, a estudante justifica que o resultado fica sem sinal, porque nenhum dos números (dividendo e divisor) tem sinal; inclusive esse é um argumento comum a muitos dos participantes e que tem forte relação com a forma de representação dos números inteiros, dado que, em cálculos numéricos, onde os termos são números inteiros desacompanhados de sinais, os estudantes dizem que o resultado é positivo porque *"quando não tem sinal é como se fosse positivo"*. A expressão *como se fosse positivo* mencionada pelos participantes já carrega consigo um certo grau de compreensão desses estudantes com relação ao sentido e ao conceito dos números inteiros, de modo que, na fala do estudante, pode estar implícita a possibilidade de o número ser negativo, quando o sinal seria obrigatório.

Essa estudante, com a estratégia que utiliza, evidencia que não consegue resolver a questão pelo algoritmo da divisão e, na justificativa para o uso do procedimento, confessa tal evidência.

Nesses dois itens, dois estudantes resolvem por meio do algoritmo da subtração, embora nenhum dos itens faça qualquer referência a essa operação, já que nenhum dos números envolvidos é negativo, o que justificaria a escolha dessa operação pela não compreensão do significado do sinal de número ao invés de sinal da operação subtração.

A Figura 28 mostra a resposta dada pela estudante da EJA, Potira de 22 anos. A ação de Potira indica que a regra dos sinais, mais uma vez, conduziu a estudante ao erro.

Figura 28 – Resolução do item f por Potira

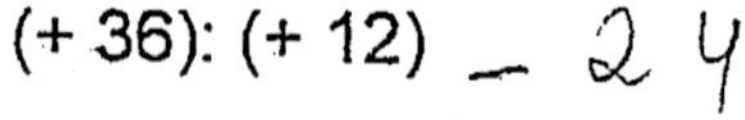

$$(+36):(+12) \; - \; 24$$

A justificativa dada por ela a sua ação encontra-se no Quadro 15 a seguir:

Quadro 15 – Transcrição de trecho da entrevista de Potira

P: Por que 24?
E: 36 tirando 12.
P: Por que 36 menos 12?
E: Porque é mais com mais aí dá menos.

A resposta e a justificativa que Potira apresenta indicam que a sua compreensão sobre a função do que comumente é chamado "jogo de sinal" é indicar qual operação deverá ser realizada.

A Tabela 5 relaciona as estratégias mobilizadas pelos estudantes ao resolverem os itens **b** e **d** dessa questão. Optamos por observar esses itens paralelamente pelo fato de que ambos apresentam dividendo e divisor com o mesmo sinal e o primeiro deles (item **b**) ser mais difícil de ser resolvido mentalmente que o item **d**, dado que o quociente entre − 450 e − 9 permite uma analogia com a divisão de 45 por 9.

Tabela 5 – Estratégias utilizadas pelos estudantes nos itens b e d

Item	Estratégia	Quantidade de estudantes por grupo				TOTAL
		Adulto EJA	Adulto EF	Adolescente EJA	Adolescente EF	
b) (+391):(+17)	cálculo mental	1	0	0	0	1
	alg. divisão	4	0	4	6	14
	representações	2	2	0	0	4
	alg. adição	1	6	1	1	9
	subtrações suc.	0	0	0	1	1
	tentativas (mult)	0	0	2	0	2
	não sabe	0	0	1	0	1
d) (-450):(-9)	cálculo mental	2	3	2	0	7
	representações	0	1	0	0	1
	alg. divisão	3	4	5	6	18
	alg. subtração	1	0	0	1	2
	subtrações suc.	0	0	0	1	1
	alg. adição	1	0	0	0	1
	não sabe	1	0	1	0	2

No item **b**, como previsto, o cálculo mental foi uma estratégia com pouca utilização, tendo sido o recurso de apenas um dos participantes; já no item **d**, 7 dos 32 participantes utilizaram essa ferramenta. É certo que a grandeza dos números em questão no item **d** favoreciam o uso do cálculo mental, diferentemente do que ocorre no item **b**.

Ao contrário do que esperávamos, o algoritmo da divisão foi mais utilizado no item **d** do que no **b**. Isso pode estar relacionado com a dificuldade dos estudantes de efetuarem a operação divisão, o que os convida a buscar outros mecanismos de resolução das questões, que lhes são apresentadas envolvendo tal operação, como, por exemplo, representações com bolinhas, tracinhos ou a utilização do algoritmo da multiplicação, por meio do método de tentativas. Uma possível justificativa para o maior uso do algoritmo da divisão no item **d** do que no item **b** pode ser o fato de que, em divisões nas quais o divisor é um número de um só algarismo, os estudantes logram mais sucesso do que naquelas cujo divisor possui dois ou mais algarismos.

A Figura 29 trata da resolução iniciada por Vítor ao resolver o item **c**.

Figura 29 – Resolução do item c por Vítor

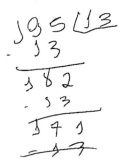

Como podemos perceber, Vítor, a princípio, tenta empregar o algoritmo da divisão, mas recorre a sucessivas subtrações, onde o divisor passa a ser o subtraendo.

A Tabela 6 exibe e agrupa as estratégias dos participantes nos itens **c** e **e**. Essas questões aproximam-se ao exporem dividendos e divisores como sendo números inteiros de sinais diferentes e distanciam-se na grandeza dos divisores, onde o divisor do item **c** possui dois algarismos, enquanto o do item **e** possui apenas um, o que, nesse caso, facilita ainda mais o cálculo mental.

Menos com menos é menos ou é mais?

Tabela 6 – Estratégias utilizadas pelos estudantes nos itens c e e

Item	Estratégia	Quantidade de estudantes por grupo				TOTAL
		Adulto EJA	Adulto EF	Adolescente EJA	Adolescente EF	
c)(+195):(-13)	alg. divisão	4	6	4	6	20
	representações	2	2	0	0	4
	alg. subtração	1	0	1	1	3
	subtrações suc.	0	0	0	1	1
	tentativas (mult)	1	0	2	0	3
	não sabe	0	0	1	0	1
e)(-480):(+6)	cálculo mental	4	2	3	0	9
	Representações	0	2	0	0	2
	alg. divisão	0	3	4	6	13
	alg. subtração	2	0	0	1	3
	subtrações suc.	0	0	0	1	1
	tentativas (mult)	1	1	0	0	2
	não sabe	1	0	1	0	2

Nos dois itens, o algoritmo da divisão é o recurso mais usual. Os estudantes da EJA diversificam com mais frequência as estratégias que aplicam na resolução desses itens e evitam o uso do algoritmo da divisão, o que não significa necessariamente a falta de competência desses participantes para lidarem com essa forma de resolução. Mas, também, pode ser um primeiro indício do fenômeno da evitação dos algoritmos, o que justificaria a aplicação de outras formas de resolução. Evitar o uso de algoritmos, como o da divisão, pode ser um sinal das dificuldades dos estudantes nesta forma de resolução.

A Figura 30, a seguir, exemplifica os esforços dos estudantes que resolveram alguns dos quocientes indicados pelo caminho das multiplicações sucessivas, como é a ação de Thomaz para calcular o quociente entre os inteiros + 195 e 13.

Figura 30 – Resolução do item c por Thomaz, 12 anos, 8.º ano do EF

c) 195: (- 13)

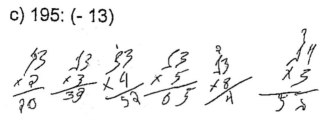

Thomaz, quando escolhe esse caminho, evita recorrer ao algoritmo da divisão e, mesmo ciente de que precisava obter um número que multiplicado por 13 fosse igual a 195, após cinco tentativas sem sucesso, acaba apelando para outro produto, quando faz 14 vezes 3.

Em quase todos os itens da Questão 2, os principais erros foram consequências das dificuldades dos participantes em lidarem com o algoritmo da divisão e relativos às resistências no entendimento do sentido e do conceito dos números inteiros relativos, uma vez que, assim como aconteceu na Questão 1, a ação de muitos estudantes mostrou que também em situações de divisão de números inteiros os sinais de número são entendidos pelos participantes como sinais de operação.

3.3 Análise das respostas à Questão 3

O principal objetivo da Questão 3 foi identificar a compreensão dos participantes em uma situação-problema contextualizada, envolvendo a divisão de números inteiros relativos. Além disso, a referida questão permitia aos estudantes resolvê-la empregando a divisão de números naturais ou tratando as medidas dadas na situação como números inteiros positivos e negativos, isto é, relacionando-as aos contextos de débitos e créditos. Outro aspecto da questão foi identificar o domínio de conhecimento dos participantes frente à representação e à leitura de números inteiros na reta numérica, com a intenção de observarmos se esta ferramenta facilitava a resolução do problema.

Menos com menos é menos ou é mais?

3.3.1 Acertos e erros apresentados

O Quadro 16 mostra a frequência de acertos dos participantes nessa questão:

Quadro 16 Frequência de acertos da Questão 3

FREQUÊNCIA DE ACERTOS POR QUESTÃO E GRUPO						
NATUREZA DOS GRUPOS		Adultos na EJA	Adolescentes na EJA	Adolescentes no Ens. Fund.	Adultos no Ens. Fund.	TOTAL
QTDE. DE PARTICIPANTES QUESTÃO		8	8	8	8	32
O salário de Maria Eduarda é de R$ 900,00 e as suas despesas fixas mensais são de R$ 850,00. Ela comprou uma TV de R$ 480,00 em 6 parcelas fixas e sem juros.	a) Qual o valor de cada parcela da TV?	8	7	4	5	24
	b) O salário de Maria Eduarda vai ser suficiente para pagar as despesas e mais a prestação da TV?	7	6	7	6	26
	c) Represente numa reta a situação financeira de Maria Eduarda no mês em que pagou a 1.ª prestação da TV	2	1	2	2	7
	d) Qual ponto da reta representa o equilíbrio financeiro de Eduarda?	0	2	4	3	9
6 ou mais acertos (≥75%)		4 ou 5 acertos (> 50% e < 75%)		Menos de 4 acertos (< 50%)		

Nessa questão, os itens **a** e **b** foram os mais acertados; principalmente pelos estudantes da EJA, no caso do item **a**. De certo modo, esse resultado é natural já que esses estudantes, geralmente, já exercem algumas atividades profissionais e, portanto, no seu cotidiano enfrentam situações como a questionada no item **a**.

Figura 31 – Resolução do item a por Roni, 27 anos, 4.ª fase da EJA

03. O salário de Maria Eduarda é de R$ 900,00 e as suas despesas fixas mensais é de R$ 850,00. Ela comprou uma TV de R$ 480,00 em 6 parcelas fixas e sem juros.

a) Qual o valor de cada parcela da TV?

Parcela da TV es $80.00

Se você quisesse resolver essa "conta" usando números positivos e negativos, como você faria?

Salario + 900,00
Despesa − 800,00
TV − 80,00
Saldo não ativo es| −390

A resposta dada por Roni à questão diz que ele consegue facilmente encontrar o valor da parcela da TV: ele recorre ao cálculo mental para indicar tal resposta. Quando perguntamos se ele é capaz de resolver esse problema empregando números inteiros positivos e negativos, ele, veemente, diz que sim. A sua produção tem uma relação com crédito **(+ 900)** e débito **(800)**, o que indica uma ação legítima. Chamamos a atenção para o registro que ele faz para indicar as despesas mensais de Maria Eduarda **(800)**, mas, no cálculo mental que realiza, usa o valor indicado no problema **(R$ 850,00)**.

Nos itens **a** e **b**, os erros mais frequentes partiram das dificuldades dos participantes em efetuarem o algoritmo da divisão.

Os itens **c** e **d** solicitavam a representação de um número inteiro na reta numérica e a identificação do número desta que indicava o equilíbrio financeiro de Maria Eduarda. A resolução desses itens foi de difícil compreensão para os estudantes; o índice de acertos foi relativamente baixo, o que, a princípio, indica a dificuldade dos participantes de representar um número inteiro na reta numérica e de realizar a operação mental exigida (equilíbrio). Da mesma forma, reconhecer na reta dos números inteiros o elemento que traduz o equilíbrio de uma pessoa em uma operação financeira, apresentou-se como uma tarefa quase hercúlea.

As respostas mais comuns, nesse caso, deixavam de lado o problema proposto e faziam associações a situações cotidianas da vida dos participantes, principalmente entre os estudantes adultos, como mostra a Figura 32.

Figura 32 – Resolução dos itens c e d por Cleandro, 30 anos, 4.ª fase da EJA

c) Represente numa reta numérica a situação financeira de Maria Eduarda no mês em que pagou a primeira prestação da TV?

0 - 30

d) Qual ponto da reta numérica (questão anterior) representa o equilíbrio financeiro de Maria Eduarda?

130, R$

A resolução de Cleandro, no item **c,** mostra que para ele um número inteiro negativo **(30)** fica à direita do zero e não a sua esquerda, onde devem ser localizados os inteiros negativos, já que à direita do zero são posicionados os números inteiros positivos.

O Quadro 17 explicita a razão que leva Cleandro, 30 anos, estudante da 4.ª fase da EJA, a dizer que R$ 130,00 representa o equilíbrio financeiro de Maria Eduarda, personagem do problema em pauta.

Quadro 17 – Transcrição de trecho da entrevista de Cleandro

E: 130 reais.

P: Por que R$ 130,00?

E: Vai ficar faltando R$ 30,00 num é, pra ela pagar a prestação da televisão. Aí com mais R$ 130,00 ela vai resolver todos os problemas dela. Paga a dívida e ainda fica com 100 reais pra outras coisinhas que sempre aparecem, a gente nunca pode ficar sem um dinheirinho no bolso.

A justificativa de Cleandro aponta que os adultos, diante de alguns tipos de problemas escolares que têm relação com contextos que lhes sãos comuns, apresentam respostas que, numericamente, poderiam ser consideradas incorretas, mas que, quando justificadas, apresentam certa compreensão.

3.3.2 Estratégias utilizadas para a resolução da Questão 3

A maior parte das estratégias empregadas nessa questão foi semelhante àquelas já mencionadas nas questões anteriores. Mas, dadas as especificidades dessa questão, achamos necessário tecer alguns comentários sobre alguns tipos de respostas identificadas na mesma.

As estratégias aplicadas no item **a** dessa questão estão inseridas no mesmo grupo das questões 1 e 2. Já, quando perguntávamos aos participantes se eles eram capazes de responder o item aplicando uma divisão com números inteiros positivos e negativos, os que responderam "sim" apresentaram diferentes formas de agir, o que nos fez classificar as diferentes respostas da seguinte maneira:

✓ *não sabem* – casos nos quais os participantes disseram não saber aplicar números inteiros para resolver a questão;

✓ *números na ordem em que aparecem* – os estudantes reescreviam os números apresentados no problema e à frente desses escreviam sinais de mais ou de menos, conforme o significado do referido valor no problema, como na Figura 33.

✓ *acrescentam sinais ao algoritmo da divisão* – quando o participante, após efetuar a divisão com números naturais, apenas acrescenta os sinais de mais e de menos ao termos da divisão, ou seja, ele não faz nenhuma relação entre os sinais que apresenta e os dados do problema, Figura 34.

✓ *realiza uma operação aritmética* – chamamos dessa forma os casos onde os estudantes escolhiam alguns dos números envolvidos no problema 3 e realizam com dois ou mais deles uma operação aritmética, acreditando, assim, que haviam resolvido o item **a** do problema 3, aplicando números inteiros, como indica a Figura 35.

Figura 33 – Resolução de parte do item a por Doda, 13 anos, 8.º ano do EF

Se você quisesse resolver essa "conta" usando números positivos e negativos, como você faria? $(+900)-(850)-(-80)$

Figura 34 – Resolução de parte do item a por Vanessa, 16 anos, 4.ª fase da EJA

Se você quisesse resolver essa "conta" usando números positivos e negativos, como você faria?

$-480 \cdot (+6)$
$+80$

Figura 35 – Resolução de parte do item a por Tiago, 16 anos, 4.ª fase da EJA

Se você quisesse resolver essa "conta" usando números positivos e negativos, como você faria? $80+80+80... = 480,00$

Nesse e nos itens seguintes, as estratégias empregadas pelos estudantes coincidem com as que já citamos nas análises das questões anteriores, com exceção das categorias *desenha reta*, *desenha quadro* e *outros*. Dessas, vamos exemplificar apenas a que estamos chamando de outros, já que a nomenclatura das outras duas indica o tipo de ação realizada e ainda serão citadas como exemplos nas análises que fazemos das estratégias.

Na categoria de estratégias, que chamamos de *outras formas de representação*, inserimos as formas de resolução onde os estudantes utilizaram retângulos, quadros, tabelas e diagramas para representarem o equilíbrio financeiro de Maria Eduarda numa reta numérica. Não nomeamos outras categorias, porque cada uma destas formas de ação foi utilizada por apenas um estudante.

A Figura 36 exemplifica uma das formas de resposta dada pelos estudantes que classificamos como outras formas de representação.

Figura 36 – Resolução do item c por Roni, 27 anos, 4.ª fase da EJA

c) Represente numa reta numérica a situação financeira de Maria Eduarda no mês em que pagou a primeira prestação da TV?

A seguir, a Tabela 7 apresenta as estratégias e a frequência na qual cada uma delas foi aplicada pelos participantes.

Menos com menos é menos ou é mais?

Tabela 7– Estratégias utilizadas pelos estudantes na Questão 3

Item	Estratégia	Quantidade de estudantes por grupo				TOTAL
		Adulto EJA	Adulto EF	Adolescente EJA	Adolescente EF	
a) Qual o valor de cada parcela da TV?	cálculo mental	1	5	2	0	8
	alg. divisão	3	2	5	5	15
	alg. subtração	2	1	1	2	6
	tentativas (mult)	2	0	0	0	2
	alg. multiplicação	0	0	0	1	1
c) Represente numa reta a situação financeira de Maria Eduarda no mês em que pagou a 1.ª parcela da TV	desenha reta	6	8	6	6	26
	desenha Quadro	0	0	0	1	1
	outras	1	0	1	1	3
	não sabe	1	0	1	0	2
d) Qual ponto da reta representa o equilíbrio financeiro de Eduarda?	indica o zero	0	5	2	4	11
	relaciona com situações práticas	4	2	4	2	12
	outras	2	0	0	0	2
	não sabe	2	1	2	2	7

As Figuras 37 e 38 mostram as respostas dadas pelos estudantes Dênis e Jonatan.

Figura 37 Resolução de parte do item a por Dênis, 32 anos, 4.ª fase da EJA

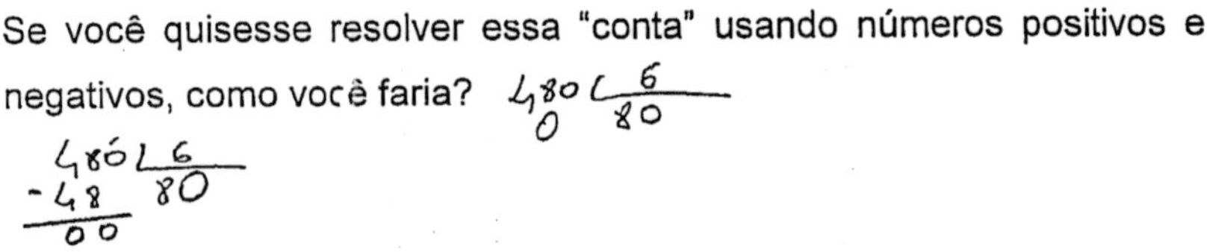

Se você quisesse resolver essa "conta" usando números positivos e negativos, como você faria? $480 \underline{|6}$
$0 80$

$480 \underline{|6}$
$-48 80$
$\overline{00}$

Figura 38 Resolução de parte do item a por Jonatan, 16 anos, 4.ª fase da EJA

$$+50 - 80 = -30$$

O primeiro estudante refaz a divisão alterando apenas a forma de representar o seu algoritmo, ou seja, a subtração mental, que ele havia realizado no decorrer do algoritmo da subtração, ele entende como sendo necessária a sua exibição para garantir o uso do sinal de menos, como solicitado pelo pesquisador. O segundo estudante representa a sobra do salário de Maria Eduarda como sendo uma medida positiva e o valor da parcela que ela deve pagar pela TV como uma medida negativa. Em seguida, ele soma essas duas medidas. Com isso, pretende atender ao que foi pedido, embora tenha obtido o valor da parcela por meio de cálculo mental. Mais uma vez, o sinal é compreendido na sua função primeira, que é indicar uma operação.

A Questão **3a** foi acertada por 75% dos estudantes, mas, como foi discutido anteriormente, quase 70% dos participantes dizem não saber representar a sua solução utilizando sinal de mais ou de menos. Um pareamento desses dois percentuais diz que o conhecimento de operações com números inteiros relativos é dispensável para que o estudante resolva situações de natureza análoga à da Questão 3, embora seja comum no capítulo destinado ao ensino da multiplicação e divisão de números inteiros relativos, problemas semelhantes a esse, como contexto para construção ou aplicação da multiplicação e divisão em . Assim, os estudantes resolvem essa questão atuando como se lidassem com números naturais, o que não invalida a resolução, já que, comumente, a indicação da propriedade do número (em relação ao sinal) se faz necessário apenas no resultado.

No item **c**, muitos estudantes fazem a representação da reta numérica, mas apenas 22% são capazes de indicar na reta a situação financeira de Maria Eduarda ao pagar a primeira parcela da TV, mesmo a maioria sendo capaz de identificar o tamanho da dívida da personagem que ilustra a Questão 3.

Dentre os que não fazem a representação da reta numérica, podemos identificar estratégias como a representação de um quadro ou de um diagrama (com as informações do problema, conforme Figura 39).

Figura 39 – Resolução de Doda, 13 anos, adolescente no 8.º ano do EF

Numa situação de débito, o zero é o número inteiro, que indicaria o equilíbrio financeiro, ou seja, a condição na qual o salário é igual às despesas. A estratégia mais comum no item **d** foi a associação dessa questão a alguma situação prática. Isso justifica o baixo rendimento dos participantes na referida questão.

Os resultados e as estratégias apresentadas pelos estudantes na Questão 3 reforçam o que este estudo vem indicando: que a dificuldade do estudante está na pouca utilidade prática de alguns aspectos dos números inteiros.

3.4 Análise das respostas à Questão 4

A Questão 4 trazia uma situação relacionada à vida bancária e propunha um produto de números inteiros. De modo análogo à Questão 3, essa situação podia ser resolvida pela multiplicação de números naturais, que, da mesma forma que na questão anterior, imaginávamos ser a estratégia mais utilizada, o que realmente aconteceu.

3.4.1 Acertos e erros apresentados

O percentual de acertos nesta questão foi de aproximadamente 40%. Entre os estudantes adultos, a porcentagem de acertos foi de quase 65%, o que pode ser constatado ao observarmos o Quadro 18.

Quadro 18 – Frequência de acertos da Questão 4

FREQUÊNCIA DE ACERTOS POR QUESTÃO E GRUPO					
NATUREZA DOS GRUPOS	Adultos na EJA	Adolescentes na EJA	Adolescentes no Ens. Fund.	Adultos no Ens. Fund.	TOTAL
QTDE. DE PARTICIPANTES QUESTÃO	8	8	8	8	32
Davi tem uma certa quantia no banco que cobra todo mês uma taxa de R$ 36,00 referente a manutenção da sua conta. Há 12 meses (um ano atrás), quanto a mais ele tinha no banco?	6	4	1	2	13
6 ou mais acertos (≥75%)		4 ou 5 acertos (> 50% e < 75%)		Menos de 4 acertos (< 50%)	

Os erros mais frequentes nessa questão estiveram relacionados às dificuldades de compreensão do enredo do problema (dificuldade de compreensão do enunciado) e também relativos a resistências dos participantes ao lidarem com o algoritmo da multiplicação.

Figura 40 – Resolução da Questão 4 por Clarice, 22 anos, 8.º ano do EF

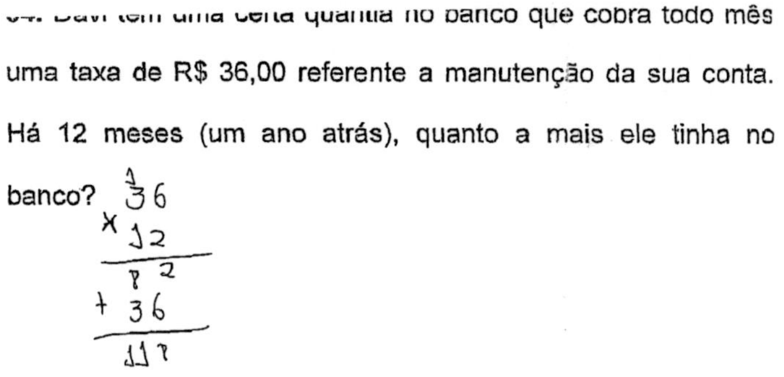

~~04. Davi tem uma certa quantia no banco que cobra todo mês~~
uma taxa de R$ 36,00 referente a manutenção da sua conta.
Há 12 meses (um ano atrás), quanto a mais ele tinha no
banco?

$$
\begin{array}{r}
\overset{1}{3}6 \\
\times\ 12 \\
\hline
7\ 2 \\
+\ 3\ 6 \\
\hline
117
\end{array}
$$

3.4.2 Estratégias utilizadas para a resolução da Questão 4

A Questão 4 trouxe um problema relacionado à vida bancária, um contexto, muito comum para grande parte dos estudantes adultos. As estratégias que identificamos na resolução dessa questão foram as seguintes: algoritmo da adição, algoritmo da subtração, algoritmo da multiplicação, algoritmo da divisão, adição de parcelas iguais e correspondência biunívoca.

Chamamos de correspondência biunívoca o caso em que uma participante fazia contagens nos dedos e, a cada doze unidades contadas com os dedos das mãos, registrava um tracinho no papel e continuava a contagem numérica do número onde parou; por exemplo, para as primeiras doze unidades, a estudante registrava um tracinho para indicar que já havia alcançado uma vez o doze, e continuava contando, treze, quatorze, quinze e assim por diante, até alcançar mais 12 unidades e registrar um novo tracinho no papel.

Figura 41 – Resolução da Questão 4 por Del, 19 anos, 4.ª fase EJA

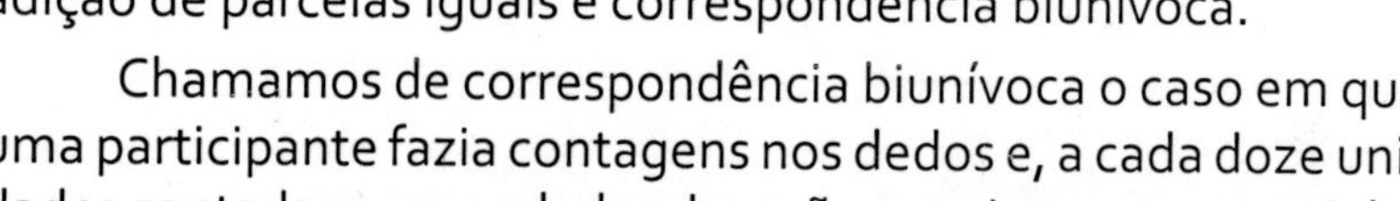

$$12 \times 36 = 76 \qquad |||\ ||\ ||\ |\ |\ ||||$$

A estratégia que a estudante adota é capaz de levá-la ao acerto da questão. Mas, esse procedimento tem grandes chances de provocar o erro, tendo em vista o dispêndio que esse processo causa, principalmente quando os fatores em pauta são números de maior grandeza. Entretanto, expressa a compreensão do que é solicitado.

Tabela 8 – Estratégias utilizadas pelos estudantes na Questão 4

Item	Estratégia	Quantidade de estudantes por grupo				TOTAL
		Adulto EJA	Adulto EF	Adolescente EJA	Adolescente EF	
Davi tem uma certa quantia no banco que cobra todo mês uma taxa de R$ 36,00 referente à manutenção da sua conta. Há 12 meses (um ano atrás), quanto a mais ele tinha no banco?	alg. adição	1	0	0	1	2
	alg. subtração	1	0	0	0	1
	alg. multiplicação	5	6	5	7	23
	alg. divisão	0	0	1	0	1
	adição de parc. iguais	0	2	2	0	4
	correspondência biunívoca	1	0	0	0	1

O algoritmo da multiplicação foi a estratégia mais utilizada na resolução da Questão 4, sendo utilizada por quase 41% dos participantes. Em seguida, vem a adição de parcelas iguais com aproximadamente 13% de utilização.

Figura 42 – Resolução da Questão 4 por Vanessa

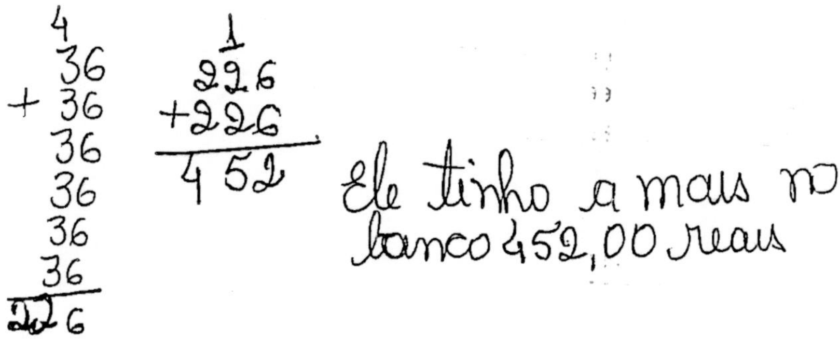

$$\begin{array}{r} 4 \\ 36 \\ + \ 36 \\ 36 \\ 36 \\ 36 \\ 36 \\ \hline 226 \end{array}$$

$$\begin{array}{r} 1 \\ 226 \\ + 226 \\ \hline 452 \end{array}$$

Ele tinho a mais no banco 452,00 reais

No que se refere às especificidades dos grupos, não identificamos diferenças que sejam significativas nas estratégias utilizadas pelos estudantes de cada um dos quatro grupos.

3.5 Análise das respostas à Questão 5

A Questão 5 envolvia tanto a multiplicação quanto a divisão de números inteiros, porém a situação tinha natureza diferente da que foi apresentada nos itens anteriores. Em vez de problemas ou cálculos numéricos, a situação trouxe 4 diagramas; cada um deles exigia diferente forma de resolução, onde a especificidade estava na operação, na natureza dos números, na presença ou não dos parênteses e dos sinais.

3.5.1 Acertos e erros apresentados

Depois da Questão 6, a Questão 5 foi aquela na qual os estudantes obtiveram o menor desempenho, conforme indica o Quadro 19.

Quadro 19 – Frequência de acertos da Questão 5

FREQUÊNCIA DE ACERTOS POR QUESTÃO E GRUPO					
NATUREZA DOS GRUPOS	Adultos na EJA	Adolescentes na EJA	Adolescentes no Ens. Fund.	Adultos no Ens. Fund.	TOTAL
QUESTÃO — QTDE. DE PARTICIPANTES	8	8	8	8	32
O salário de Maria Eduarda é de R$ 900,00 e as suas despesas fixas mensais são de R$ 850,00. Ela comprou uma TV de R$ 480,00 em 6 parcelas fixas e sem juros. — a) Qual o valor de cada parcela da TV?	8	7	4	5	24
b) O salário de Maria Eduarda vai ser suficiente para pagar as despesas e mais a prestação da TV?	7	6	7	6	26
c) Represente numa reta a situação financeira de Maria Eduarda no mês em que pagou a 1.ª prestação da TV	2	1	2	2	7
d) Qual ponto da reta representa o equilíbrio financeiro de Eduarda?	0	2	4	3	9

6 ou mais acertos (≥75%)   4 ou 5 acertos (> 50% e < 75%)   Menos de 4 acertos (< 50%)

A principal resistência dos participantes a essa questão deu-se no entendimento do que cada item solicitava. A utilização das setas, em vez do sinal de igual, e o fato de, em quase todos os itens, o termo desconhecido não ser o resultado da operação, parecem ter dificultado a compreensão e a resolução desta questão, mesmo ela retomando operações já resolvidas pelos estudantes.

Os resultados do Quadro 19 indicam que o tipo de situação e as formas de representação das operações de multiplicação e divisão de números relativos influenciaram os invariantes operatórios que os estudantes mobilizaram para resolver cada questão.

Nos diagramas onde as operações indicadas eram a multiplicação (itens **a** e **c**), os participantes alcançaram melhor proveito do que naqueles onde o sinal de operação indicada era a divisão.

Um olhar sobre o desempenho dos grupos nessa questão mostra que os estudantes da Educação de Jovens e Adultos lograram mais sucesso que os estudantes adolescentes em todos os itens.

3.5.2 Estratégias utilizadas para a resolução da Questão 5

As estratégias identificadas nessa Questão foram semelhantes àquelas já descritas nas atividades anteriores, não sendo identificada nenhuma ação que mereça uma nomenclatura particular em relação às demais questões.

Com vistas a uma melhor compreensão, optamos por separar os itens na exposição das estratégias empregadas pelos estudantes de cada grupo, já que cada um deles apresenta características diferentes.

Na Tabela 9, expomos as estratégias dos participantes ao resolverem o item **a**.

Tabela 9 Estratégias utilizadas pelos estudantes na Questão 5a

Item	Estratégia	Quantidade de estudantes por grupo				TOTAL
		Adulto EJA	Adulto EF	Adolescente EJA	Adolescente EF	
a) N → x8 → 384	cálculo mental	0	0	1	0	1
	alg. subtração	0	0	0	0	0
	alg. multiplicação	3	2	0	2	7
	alg. mult. (tentativas)	4	6	7	4	21
	alg. divisão	1	0	0	2	3

A estratégia mais frequente nesse item foi o uso do algoritmo da multiplicação pelo método de sucessivas tentativas. Esse procedimento foi adotado por mais de 65% dos participantes. Possivelmente, essa ação se deu em função da grande dificuldade de compreensão de que a divisão e a multiplicação são operações inversas. Além do mais, a presença do sinal de multiplicação já evidencia que a situação é resolvida com tal operação.

Tabela 10 – Estratégias utilizadas pelos estudantes na Questão 5b

Item	Estraté-gia	Quantidade de estudantes por grupo				TOTAL
		Adulto EJA	Adulto EF	Adolescente EJA	Adolescente EF	
b) (-480) → N- → (80)	cálculo mental	3	2	4	0	9
	alg. subtração	0	1	2	1	4
	alg. mult. (tentativas)	1	2	2	1	6
	alg. divisão	2	2	0	5	9
	não sabe	2	1	0	1	4

No item **b**, diferentemente do que ocorreu no item **a**, as estratégias mais frequentes foram o cálculo mental e o algoritmo da divisão. Ainda, é conveniente indicar a descentralização dos recursos mobilizados pelos estudantes ao resolverem essa questão, ou seja, outras estratégias foram utilizadas por uma quantidade razoável de participantes, como os algoritmos da subtração e da divisão e o da multiplicação por meio de sucessivas tentativas.

Da mesma forma que o cálculo mental foi mais utilizado pelos estudantes adultos, o algoritmo da divisão foi mais utilizado pelos participantes matriculados no Ensino Fundamental.

Na Tabela 11, temos a quantificação das estratégias que os participantes utilizaram para responder o item **c**.

Menos com menos é menos ou é mais?

Tabela 11 – Estratégias utilizadas pelos estudantes no item c

Item	Estraté-gia	Quantidade de estudantes por grupo				TOTAL
		Adulto EJA	Adulto EF	Adoles-cente EJA	Adoles-cente EF	
c) -36 → x(-12) → N	cálculo mental	1	0	1	0	2
	alg. adição	0	0	0	2	2
	ad. de parc. iguais	0	2	1	0	3
	alg. multipli-cação	5	6	6	5	22
	não sabe	2	0	0	1	3

Nesse caso, o algoritmo da multiplicação foi a estratégia mais utilizada, chegando a alcançar quase 70% de aplicação. Esse alto percentual de aplicação do algoritmo da multiplicação foi antevisto numa análise prévia, que realizamos a respeito das possíveis respostas e estratégias a serem obtidas em cada um dos itens.

A Tabela 12 mostra as estratégias dos estudantes ao resolverem o item **d**.

Tabela 12 – Estratégias utilizadas pelos estudantes no item d

Item	Estraté-gia	Quantidade de estudantes por grupo				TOTAL
		Adulto EJA	Adulto EF	Adolescente EJA	Adolescente EF	
d) N → : (-13) → +15	alg. adição	2	2	2	1	7
	ad. de parc. iguais	0	2	1	0	3
	alg. subtração	1	1	1	1	4
	alg. multiplicação	0	3	1	3	7
	alg. mult. (tentativas)	2	0	3	1	6
	alg. divisão	2	0	0	1	3
	não sabe	1	0	0	1	2

Uma forma de resolução desse item com brevidade seria por meio do algoritmo da multiplicação, obtendo, assim, o produto entre os inteiros **13** e **+ 15**. Essa forma de resolução só foi seguida por 7 dos 32 estudantes. Esse resultado pode indicar que poucos estudantes perceberam que uma forma de resolução seria mediante o uso da operação inversa à indicada no diagrama. Também, 7 estudantes utilizaram o algoritmo da adição e outros 4 utilizaram o algoritmo da subtração. Dentre esses estudantes, foram comuns as respostas **+ 28, 28, + 2** ou **2**.

Figura 43 – Resolução do item d por Vanessa

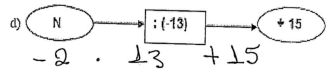

Se uma primeira vista sobre o registro que Vanessa faz nessa questão deixa alguma dúvida sobre a sua ação, a justificativa que ela dá para o mesmo, conforme Quadro 20, esclarece a sua compreensão sobre a questão:

Quadro 20 Transcrição de trecho da entrevista de Vanessa

P: Por que 2?
E: Porque num tem que ser um número que o resultado dê 15, aí eu fiz 15 – 13
P: Por que 15 – 13?
E: Por que o 15 é maior, num é o maior menos o menor
P: E o sinal por que ficou negativo?
E: Porque menos com mais dá menos.

3.6 Análise das respostas à Questão 6

O objetivo da Questão 6 foi o de identificar, em situação contextualizada, as habilidades dos estudantes na divisão de números inteiros. O contexto em pauta envolvia o cálculo da média de temperaturas de uma cidade.

Quadro 21 – Questão 6 do roteiro de questões aplicadas aos alunos

Durante um passeio a Bariloche na Argentina, Hermina anotou em cada dia a medida da temperatura registrada na cidade. Veja as anotações:

1º dia	8 graus negativos
2º dia	3 graus positivos
3º dia	1 grau negativo
4º dia	2 graus positivos

Qual a média de temperatura registrada em Bariloche durante o passeio de Hermina?

3.6.1 Acertos e erros apresentados

A Questão 6 foi a mais difícil do nosso roteiro de investigação, como já prevíamos.

Quadro 22 – Frequência de acertos da Questão 6

FREQUÊNCIA DE ACERTOS POR QUESTÃO E GRUPO					
NATUREZA DOS GRUPOS	Adultos na EJA	Adolescentes na EJA	Adolescentes no Ens. Fund.	Adultos no Ens. Fund.	TOTAL
QUESTÃO — QTDE. DE PARTICIPANTES	8	8	8	8	32
Durante um passeio a Bariloche na Argentina, Hermina anotou em cada dia a medida da temperatura registrada na cidade. Veja as anotações: 1° dia — 8 graus negativos 2° dia — 3 graus positivos 3° dia — 1 grau negativo 4° dia — 2 graus positivos Qual a média de temperatura durante o passeio de Hermina?	0	1	1	1	3

6 ou mais acertos (≥75%)	4 ou 5 acertos (> 50% e < 75%)	Menos de 4 acertos (< 50%)

O erro mais comum na Questão 6 ocorreu em função das dificuldades dos estudantes de compreenderem o sentido dos números inteiros, principalmente porque, nessa questão, o sinal da medida de temperatura aparecia em linguagem natural, o que motivou ainda mais os participantes a adicionarem esses valores, desconsiderando o sinal de número, ou seja, a natureza dos números inteiros. Além disso, muitos dos estudantes ainda erraram ao lidar com o algoritmo da divisão. A Figura 44 mostra a resolução de Leonardo nesta questão.

Figura 44 – Resolução da Questão 6 por Leonardo, 12 anos, 8.º ano do EF

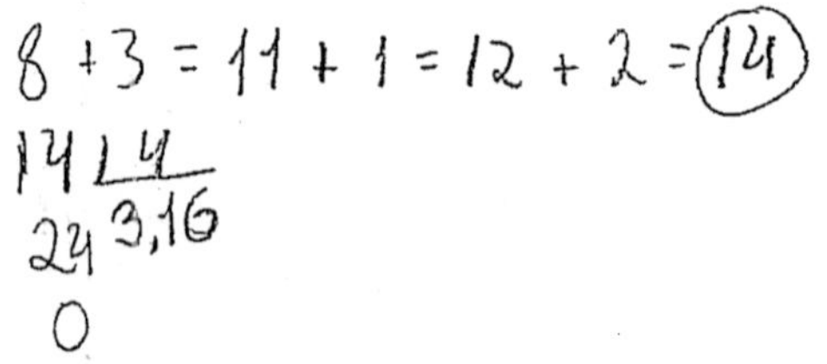

$$8 + 3 = 11 + 1 = 12 + 2 = \boxed{14}$$

$$14 \underline{|4}$$
$$24 \ 3,16$$
$$0$$

O estudante, além de não compreender o sentido do sinal das medidas de temperatura, ainda tem dificuldades de lidar com o algoritmo da divisão. O estudante comete erro no cálculo relacional e também no cálculo numérico, o que também ocorreu com grande parte dos demais participantes.

3.6.2 Estratégias utilizadas para a resolução da Questão 6

Nessa questão, várias estratégias foram observadas e classificadas da maneira a seguir: *apenas soma os módulos, efetua a soma dos módulos e diz que a divisão é impossível, soma e efetua a divisão, diz não saber responder a questão*, mesmo após algumas intervenções do pesquisador, como instrução sobre o cálculo de médias aritméticas.

Categorizamos as estratégias adotadas como *apenas soma dos módulos*, os casos onde os estudantes apenas realizam a soma dos módulos das medidas de temperaturas, desconsiderando o fato de a temperatura ser negativa ou positiva.

Nesse caso, alguns estudantes apresentaram como resposta + 14 e outros 14. Para a escolha dos sinais, eles retornavam ao quadro onde apareciam, em linguagem natural, as expressões *negativos, positivo, negativo, positivos* e efetuavam o que chamam de jogo de sinais para obtenção do sinal positivo ou negativo, a depender da compreensão que fazem das operações desses sinais.

Da mesma forma, chamamos de *efetua a soma dos módulos e diz que a divisão é impossível* os casos onde os estudantes após obter a soma dos módulos das medidas de temperaturas indicadas (como na categoria anterior) justificavam que a divisão era impossível de ser realizada, isso porque, na maioria das vezes, tentavam efetuar a divisão entre **14** e **4**; como a divisão não é exata, eles concluíam ser impossível tal operação.

A categoria *soma e efetua a divisão* são os casos nos quais os estudantes efetuam a adição entre as quatro medidas de temperaturas e, em seguida, efetuam a divisão por quatro com o propósito de obter a temperatura média no decorrer dos quatro dias indicados na situação proposta.

A Tabela 13 sintetiza as estratégias mobilizadas pelos estudantes frente à Questão 6.

Tabela 13 – Estratégias utilizadas pelos estudantes na Questão 6

Item	Estratégia	Quantidade de estudantes por grupo				TOTAL
		Adulto EJA	Adulto EF	Adolescente EJA	Adolescente EF	
Durante um passeio a Bariloche na Argentina, Hermina anotou em cada dia a medida da temperatura registrada na cidade. Veja as anotações: 1º dia 8 graus negativos 2º dia 3 graus positivos 3º dia 1 grau negativo 4º dia 2 graus positivos Qual a média de temperatura durante o passeio de Hermina?	apenas soma os módulos	1	1	2	0	4
	soma dos módulos e diz que a divisão é impossível	1	7	1	0	9
	soma e efetua a divisão	4	0	4	7	15
	não sabe	2	0	1	1	4

A Tabela 13 mostra que, mesmo a Questão 6 tendo sido a que teve o menor percentual de acertos, quase metade dos participantes recorreram a um procedimento matemático eficiente no sentido de permitir a obtenção da resposta correta, que é o cálculo do saldo das medidas de temperaturas nos quatro dias e, em seguida, calcular o quociente entre o saldo de temperatura e a quantidade de dias do passeio.

Dizer que era impossível efetuar a divisão entre a soma dos módulos das medidas de temperatura pela quantidade de dias foi a ação de 9 dos 32 estudantes. Esses estudantes apresentaram dificuldades no algoritmo da divisão e não sabiam como agir diante do fato de o quociente entre **14** e **4** não ser um número inteiro, já que, para esses, a soma das temperaturas era igual a **14**.

Quatro estudantes apenas efetuavam a soma dos módulos das medidas de temperatura (usando ou não o sinal de número no resultado indicado) e afirmavam que nenhuma ação a mais era necessária.

Figura 45 – Resolução da Questão 6 por Vanessa, 16 anos, 4.ª fase da EJA

Qual a média de temperatura registrada em Bariloche durante o passeio de Hermina?

$$-9 + 5 = -14$$

O Quadro 23 indica a justificativa dada por Vanessa à sua ação.

Quadro 23 – Trecho da entrevista realizada com Vanessa

P: Por que – 14?
E: 9 mais 5.
P: E por que o sinal de menos no 9?
E: Por que tem mais menos.
P: E o resultado porque ficou negativo?
E: Porque é menos com mais, aí dá menos.

A justificativa de Vanessa indica que a sua conceitualização de números inteiros encontra-se em processo, uma vez que ela já consegue evidenciar algumas propriedades destes números, como, por exemplo, realizar, isoladamente, a adição de medidas positivas e negativas.

3.7 Especificidades entre os grupos

Embora no decorrer das análises que fizemos ao longo das questões já tenhamos chamado a atenção para as aproximações e distanciamentos observados entre os grupos, apresentamos aqui uma breve discussão sobre o comportamento dos grupos em cada uma das seis questões.

O Gráfico 1 mostra o percentual de acertos de cada grupo nas seis questões.

Gráfico 1 – Percentual de acertos de cada Questão por Grupo

Os adultos da EJA obtiveram melhor desempenho nas questões 1 e 4, enquanto que os adultos estudantes do Ensino Fundamental obtiveram melhor desempenho na Questão 3. O mesmo acontece com os estudantes adolescentes da EJA. A Questão 5 teve maior percentual de acertos entre os estudantes adultos. O grupo dos adolescentes não se destaca em nenhuma das questões, se comparado ao grupo constituído pelos estudantes adultos. A Questão 6 foi a que obteve, em todos os grupos, o menor percentual de acertos. Nenhum adulto da EJA acertou esta questão.

Finalmente, percebemos que no desempenho dos grupos não foram identificadas diferenças importantes, o que quer dizer que, na multiplicação e divisão de números inteiros, as atividades cotidianas e a modalidade de ensino não apresentaram influências que sejam importantes na compreensão destes conceitos por parte dos estudantes, diferentemente do que tem sido observado em pesquisas que compararam o desempenho de crianças e adultos em conceitos relativos aos números decimais[89].

---

[89] Ver PORTO; CARVALHO, 2000; SILVA, 2006; GOMES; BORBA, 2008; FERREIRA, 2010.

CONSIDERAÇÕES FINAIS

Esta pesquisa nasce do cotidiano da sala de aula, da observação de estudantes adolescentes e adultos *em situação*. Enquanto professor, vivenciamos situações que nos fazem refletir sobre as ações e questões levantadas pelos nossos alunos.

Numa miríade de questões comuns às salas de aula de diferentes lugares e contextos, uma nos chamou a atenção: *Professor, menos com menos é menos ou é mais?*

Essa questão, tão comum entre os estudantes da Educação Básica, indica que a compreensão do conceito dos números inteiros relativos ainda apresenta muitas dificuldades, que podem ou não ter relação com as características dos estudantes.

Diante disso, a nossa questão de origem tomou a seguinte forma: *Quais as principais competências e dificuldades evidenciadas por adultos e adolescentes escolarizados em relação à multiplicação e divisão de números inteiros e que aspectos específicos (modalidade de ensino, idade, atividade profissional) podem influenciar a compreensão e as estratégias mobilizadas pelos estudantes?*

A investigação, que ora concluímos, teve como principal objetivo analisar e comparar a compreensão de estudantes da 4.ª fase da Educação de Jovens e Adultos e do 8.º ano, que são ciclos correspondentes do Ensino Fundamental, quando resolvem situações envolvendo multiplicação e divisão de números inteiros relativos.

Quando em situação, a ação dos estudantes indica a existência de muitas dificuldades na compreensão do conceito dos números inteiros relativos, já que, como defendido por Vergnaud[90] na Teoria dos Campos Conceituais, a aprendizagem de um conceito requer o domínio das situações que envolvem esse conceito, a mobilização de invariantes operatórios, que são os

---

[90] Ver VERGNAUD, 1996; 2003.

esquemas mobilizados pelos sujeitos em situação, identificados por meio das representações, simbólicas ou não, empregadas pelos estudantes. Essas condições teóricas, apresentadas por Vergnaud, implicam que ser competente, no conjunto dos números inteiros, é, também, ser capaz de efetuar operações entre os elementos desse conjunto – entre elas, a multiplicação e a divisão.

Os participantes resolveram mais facilmente as situações de cálculo numérico, nas quais os termos da multiplicação ou da divisão não possuem sinal de número. Nesses casos, o percentual de acertos foi superior a 90% na multiplicação e a 81% na divisão. Nas mesmas situações, quando inserimos o sinal de número positivo, o desempenho dos estudantes reduziu-se consideravelmente, alcançando apenas 57% de acertos, tanto na multiplicação quanto na divisão.

O distanciamento no índice de acertos dos estudantes, nas questões sem sinal de número e nos cálculos onde os termos possuem sinal, indica que a forma de representação das operações multiplicação e divisão de números inteiros, no que se refere à presença ou não do sinal de número, influenciou na compreensão dos estudantes, o que vai ao encontro da Teoria dos Campos Conceituais, quando aponta que a forma de representação de uma situação é uma dimensão, que influencia na compreensão de um conceito.

Ainda, nas operações de multiplicação de números inteiros, cujos fatores são números de um só algarismo, onde ao menos um deles possui sinal de número, o desempenho é mais satisfatório do que em cálculos semelhantes, nos quais os fatores possuem mais de um algarismo; enquanto que na divisão, a ordem de grandeza do dividendo e do divisor não exerceu tanta influência no rendimento dos participantes. De todo modo, nas situações, cujos termos possuem maior ordem de grandeza, principalmente na multiplicação, os estudantes apresentaram menor rendimento.

A natureza das situações propostas interveio fortemente no rendimento dos estudantes, mesmo nos casos onde os valores numéricos e as operações em pauta eram as mesmas. As situações-problema, que se aproximam de atividades comuns aos estudantes e que podem ser resolvidas sem uma relação imediata com os números relativos, apresentam índices de desempenho mais elevados. Quase todos os estudantes da EJA, adolescentes ou adultos, acertaram essa questão, recorrendo, principalmente, ao cálculo mental. Esse resultado confirma o que Arnay[91] defende: sobre a importância do conhecimento cotidiano na compreensão e ação das pessoas.

O bom desempenho apresentado pelos estudantes nas situações cotidianas, que não requerem um tratamento específico dos números inteiros, aproxima-se dos resultados obtidos por Borba[92], nos quais até mesmo crianças não escolarizadas nesse campo numérico foram capazes de resolver alguns tipos de adição e subtração, envolvendo o campo dos números inteiros, principalmente aquelas nas quais os problemas são diretos e os inteiros se apresentam como uma medida.

O baixo rendimento dos participantes dos quatro grupos estudados, na representação de um número relativo na reta numérica, pode ser uma consequência da plena falta de compreensão do sentido de um número inteiro e certo apego à magnitude dos números, o que Glaeser[93] identificou como um dos obstáculos epistemológicos à compreensão dos números relativos.

Assis Neto[94] reconhece que a substancialidade do número, que predominou entre os matemáticos até o século XIX, aproxima-se das dificuldades observadas entre os estudantes no entendimento dos números inteiros.

---

[91] Ver ARNAY, 1998.
[92] Ver BORBA, 2009.
[93] Ver GLAESER, 1985.
[94] Ver ASSIS NETO, 1995.

A reta numérica, embora seja uma ferramenta que contribui com a compreensão do conceito e das operações no campo dos números relativos, parece não ser uma habilidade dos estudantes que participaram dessa investigação. Esse resultado aproxima--se do obstáculo epistemológico *dificuldade de unificar a reta numérica*, que também foi apontado na pesquisa de Glaeser[95].

Com relação ao desempenho dos estudantes de cada um dos quatro grupos, ao contrário do que esperávamos e dos resultados de outras pesquisas, que compararam o desempenho de crianças, jovens e adultos[96], não foram identificadas diferenças importantes no índice de desempenho dos participantes de cada grupo.

Também, diferentemente dos resultados de outras pesquisas[97], a atividade profissional dos estudantes não influenciou no desempenho dos mesmos nas operações multiplicação e divisão de números inteiros relativos, quando essas envolviam cálculos numéricos ou situações-problema, que se distanciavam do seu cotidiano.

Ao analisarmos as estratégias empregadas pelos adolescentes e adultos, percebemos que os adultos recorrem com maior frequência a diferentes formas de resolução, enquanto que os adolescentes se apegam mais vezes aos algoritmos da multiplicação e da divisão, isto é, mesmo que o desempenho dos participantes de cada grupo tenham sido semelhantes, as estratégias utilizadas por eles foram diversificadas.

Os resultados indicam que os estudantes ainda apresentem muitas resistências nas resoluções de multiplicação e divisão de números inteiros, mas eles estão a caminho da compreensão desses conceitos, confirmando que a aquisição da competência de um campo conceitual é uma ação processual e que requer muitas rupturas. E isso, é claro, não acontece numa só fase ou

---

[95] Ver GLAESER, 1985.
[96] Ver SILVA, 2006; ALBUQUERQUE, 2010.
[97] Ver PORTO; CARVALHO, 2000; SILVA, 2006; GOMES; BORBA, 2008.

Menos com menos é menos ou é mais?

ano da Educação Básica. Por exemplo, quando o estudante diz *"quando não tem sinal fica o mesmo sinal"* ao se referir ao sinal de número do produto ou quociente da situação em pauta, pode ser considerado como expressão de uma construção em curso no que se refere à conceitualização dos números inteiros relativos.

Esses resultados nos ensinam que ainda se faz necessário o desenvolvimento de situações que realmente apliquem a multiplicação e a divisão de números inteiros e que tenham a reta numérica em como suporte ao entendimento desses conceitos, já que muitas das situações apresentadas nos livros didáticos funcionam apenas como pretexto para o ensino dessas operações.

Dessa forma, quanto maior for o número de situações que realmente imponham o emprego da multiplicação e divisão de números inteiros, mais próximo o estudante estará do processo de conceitualização desse campo numérico.

REFERÊNCIAS

ALBUQUERQUE, Milka Rossana Guerra de. **Como adultos e crianças compreendem a escala representada em gráficos**. Dissertação (Mestrado) – Universidade Federal de Pernambuco, Programa de Pós-Graduação em Educação Matemática e Tecnológica, Recife, 2010.

ALVES, Evanilton Rios. Números negativos, irracionais e frações decimais: Um pouco da história de como e quando surgiram e uma aplicação dos números negativos para alunos da graduação de Licenciatura em Matemática. **Academos Revista eletrônica da FIA**, v. 3, n. 3, p. 11-12, jul./dez. 2007.

ARNAY, José. **Conhecimento cotidiano, escolar e científico**: representação e mudança. A construção do conhecimento escolar. São Paulo: Ática, 1998.

ASSIS NETO, Fernando Raul. **Duas ou três coisas sobre o menos vezes menos dá mais**. Semana de Estudos em Fsicologia da Educação Matemática: Recife, 1995.

BACHELARD, Gaston. **A formação do espírito científico:** contribuição para uma psicanálise do conhecimento. Rio de Janeiro: Contraponto, 1938.

BORBA, Rute. **O ensino de números relativos:** contextos, regras e representações. Dissertação (Mestrado) – Universidade Federal de Pernambuco, Programa de PósGraduação em Psicologia, Recife, 1993.

BORBA, Rute. O ensino e a compreensão de números relativos. *In:* SCHLIEMANN, Analúcia; CARRAHER, David. **A compreensão de conceitos matemáticos:** ensino e pesquisa. Campinas: Papirus, 1998.

BORBA, Rute. O que pode influenciar a compreensão de conceitos: o caso dos números relativos. *In:* BORBA, Rute; GUIMARÃES, Gilda. **A pesquisa em Educação Matemática**: repercussões na sala de aula. São Paulo: Cortez, 2009.

BOYER, Carl. **História da Matemática**. São Paulo: Edgard Blücher, 1996.

BRASIL. Ministério da Educação. PDE: Plano de Desenvolvimento da Educação: Prova Brasil: Ensino Fundamental: **matrizes de referência, tópicos e descritores.** Brasília: MEC, SEB; Inep, 2008.

BRASIL. Secretaria de Educação Fundamental. Parâmetros Curriculares Nacionais: **Matemática, Ensino Fundamental**. Brasília, MEC/SEF, 1998.

CARRAHER, Terezinha Nunes; CARRAHER, David; SCHLIEMANN, Analúcia. **Na vida dez, na escola zero**. São Paulo: Cortez, 1988.

D'AMBRÓSIO, Ubiratan. **EtnoMatemática**: elo entre as tradições e a modernidade. Belo Horizonte: Autêntica, 2005.

EVES, Howard. **Introdução à história da Matemática**. Trad. Hygino H. Domingues. Campinas: Editora da Unicamp, 2004.

FONSECA, Maria da Conceição F. R. **Educação Matemática de jovens e adultos:** especificidades, desafios e contribuições. Belo Horizonte: Autêntica, 2007.

GARBI, Gilberto Geraldo. **A rainha das Ciências: um passeio histórico pelo maravilhosos mundo da Matemática**. 4. ed. São Paulo: Livraria da Física, 2009.

GLAESER, Georges. Epistemologia dos números relativos. Trad. Lauro Tinoco. **Boletim GEPEM**, Rio de Janeiro, n. 17, 1985.

GOMES, Maria José; BORBA, Rute. Pedreiros e marceneiros da Educação de Jovens e Adultos fazendo Matemática: conhecimentos de números decimais em contextos familiares e não familiares. *In:* REUNIÃO DA ASSOCIAÇÃO NACIONAL DE PESQUISA E PÓS-GRADUAÇÃO EM EDUCAÇÃO, 31, 2008, Caxambú. **Anais...**

LANDIM, Evanilson; MAIA, Lícia. **Multiplicação e divisão de números inteiros: ensinoaprendizagem na EJA**. XIII Conferência Interamericana de Educação Matemática (CIAEM). Recife, 2011.

MAGINA, Sandra; SANTOS, Aparecido dos; MERLINI, Vera. Quando e como devemos introduzir a divisão nas séries iniciais do Ensino Fundamental? Contribuição para o debate. **Revista Em Teia** UFPE, Recife, v. 1, 2010.

MAIA, Lícia. A teoria dos campos conceituais: um novo olhar para a formação do professor. **Revista do GEPEM – UERJ**, Rio de Janeiro, 1999.

MEDEIROS, Cleide Farias de. Por uma Educação Matemática como intersubjetividade. *In:* BICUDO, Maria Aparecida Viggiani (org.). **Educação Matemática** (Reedição). 2. ed. São Paulo: Centauro Editora, 2005.

NASCIMENTO, Ross Alves do. **Um estudo sobre obstáculos em adição e subtração de números inteiros relativos:** explorando a reta numérica dinâmica. Dissertação (Mestrado) – Universidade Federal de Pernambuco, Programa de Pós-Graduação em Educação, Recife, 2002.

NUNES, Terezinha Nunes; BRYANT, Peter. **Crianças fazendo Matemática**. Porto Alegre: Artes Médicas, 1997.

PORTO, Zélia; CARVALHO, Rosângela. **Educação Matemática na Educação de Jovens e Adultos:** Sobre aprender e ensinar conceitos. 23ª Reunião Anual da Associação de Pós-Graduação em Educação (ANPEd), Caxambu, 2000.

SADOVYSK, Patrícia. **O ensino de Matemática hoje:** enfoques, sentidos e desafios. Trad. Antônio de Pádua Danesi. Ática, São Paulo, 2007.

SILVA, Valdenice Leitão da. **Números decimais:** no que os saberes dos adultos difere do das crianças. Dissertação (Mestrado) – Universidade Federal de Pernambuco, Programa de Pós-Graduação em Educação, Recife, 2006.

SOARES, Luís Havelange. **Os conhecimentos prévios e o ensino dos números inteiros**. Dissertação (Mestrado) – Universidade Estadual da Paraíba, Programa de PósGraduação em Ciência da Sociedade, Campina Grande, 2007.

SOARES, Magda. **Linguagem e escola:** uma perspectiva social. 14. ed. Rio de Janeiro, Ática, 1996.

TEIXEIRA, Leny Rodrigues Martins. Aprendizagem operatória de números inteiros: obstáculos e dificuldades. **Revista Pró-Posições,** v. 4, n. 1[10], UNICAMP, mar. 1993.

VERGNAUD, Gérard. A gênese dos campos conceituais. *In:* GROSSI, E. (org.). **Por que ainda há quem não aprende?** A teoria. Petrópolis, RJ: Vozes, 2003.

VERGNAUD, Gérard. A Teoria dos Campos Conceptuais. *In:* BRUM, Jean, (org.). **Didáctica das Matemáticas.** Lisboa: Horizontes Pedagógicos, 1996.